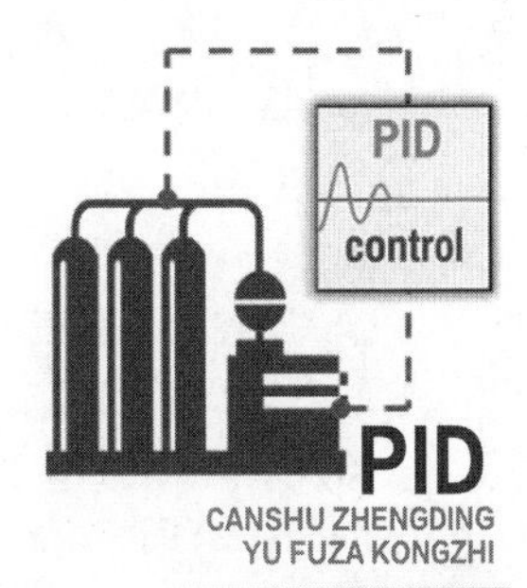

PID参数整定与复杂控制

冯少辉◎著

化学工业出版社
·北京·

内容简介

本书结合作者多年的研究成果和实践经验，深入讲解了PID控制器参数整定方法和复杂控制方案设计策略。书中首先介绍了PID控制器的基础知识，包括过程控制基本原理、PID控制器发展简史、PID参数影响分析、PID算法改进等，之后结合实操案例重点讲述了PID参数的Lambda整定方法，最后给出了串级控制、前馈控制、比值控制、超驰控制、分程控制和阀位控制等常见的复杂控制方案。

本书总结了被实践广泛证明的PID参数整定工程技术方法，有助于推动PID参数整定工作的科学化和规范化，可供流程工业现场工程技术人员阅读使用，也可作为高等院校相关专业高年级本科生和研究生学习PID整定、工业自动化、智能控制的入门参考书。

图书在版编目（CIP）数据

PID参数整定与复杂控制 / 冯少辉著. —北京：化学工业出版社，2023.11（2025.2重印）

ISBN 978-7-122-44124-9

Ⅰ. ①P… Ⅱ. ①冯… Ⅲ. ①PID控制-参数整定-研究 Ⅳ. ①TP273

中国国家版本馆CIP数据核字（2023）第168261号

责任编辑：傅聪智　高璟卉　　文字编辑：蔡晓雅
责任校对：刘　一　　装帧设计：王晓宇

出版发行：化学工业出版社（北京市东城区青年湖南街13号　邮政编码100011）

印　　装：大厂回族自治县聚鑫印刷有限责任公司

710mm×1000mm　1/16　印张11　字数186千字　2025年2月北京第1版第5次印刷

购书咨询：010-64518888　　售后服务：010-64518899

网　　址：http://www.cip.com.cn

凡购买本书，如有缺损质量问题，本社销售中心负责调换。

定　　价：68.00元

前言
PREFACE

PID 控制器问世以来，因其结构简单、符合人们的操作经验且性能可靠而成为工业上应用最广泛的生产过程控制技术。在过去的几十年里，PID 控制器由于结构过于简单并没有引起学术界的广泛关注，在控制方面的很多教科书中也没有关于 PID 参数整定的详细论述。工业现场很多工程师不能娴熟地进行 PID 参数整定和复杂控制方案设计，因而对这方面知识的需求非常迫切，本书的撰写就是为了满足这一需求。本书通过总结工业实践验证的 PID 参数整定工程技术方法，推动 PID 参数整定工作的科学化和规范化，然后再通过多变量复杂控制方案的设计，提高工业自动化水平和控制资产的效能，提升装置的效益和效率，为企业实现智能工厂打下坚实的基础。

有关 PID 参数整定，国内外已经有大量研究，但是现场工程技术人员对 PID 参数整定技能掌握得仍然不够深入，这造成很多工厂的自动化水平不高，操作人员干预频繁、过程报警高发。解决这个问题既有助于降低操作人员的劳动强度、提高劳动效率，又能提高装置的安全性和稳定性，在产品一致性改善的同时降低装置的消耗，提高生产效益。我在工作中反复实践，逐渐对 PID 参数整定和控制方案设计有了更深的认识，基于这些认识并结合现场实际工作中总结的经验，编写了这本关于 PID 参数整定和复杂控制的书。

本书介绍了简化、可重复用于分析过程动态、确定模型参数和控制器参数的过程，以及过程控制和 PID 控制器参数整定背后的技术和知识，包括基本术语、分析过程动态特性的步骤、确定控制模型与 PID 控制器参数的方法和复杂控制等。通过本书的学习，读者应摒弃常见的试凑法，通过具有物理意义的参数来定义控制器的预期性能，而不使用那些没那么直观的概念，从而实现整定工作的科学化。根据这些基本原则，您可以进一步研究并充分了解如何根据实际情况科学分析，实现安全和高效的 PID 控制器参数整定。

本书侧重于 PID 控制器参数整定和复杂控制策略设计，没有更多涉及仪表传感器、最终控制元件等知识。为了方便更多非自控专业的工程师学习，本书没有使用自动控制原理教科书中常用的传递函数和频域知识，但是要想深入地理解Lambda参数整定工程方法，的确需要一些频域的知识。Lambda参数整定工程方法基于拉普拉斯变换的推导过程放到附录中，是希望不影响通篇的连续性。找到理论正确、适用范围广、易于理解、便于使用的整定方法并用工程师熟悉的语言说出来，是本书追求的目标。

本书中的知识大多数人都知道，但是知道不等于掌握。学以致用，把知识转变为自己的能力才是掌握。知识不是力量，运用知识才是力量。要想提高装置的自动化水平，就要对基本技能和基础知识有更深刻的理解。PID参数整定能力和控制方案分析设计能力是关键。目前95%以上的过程控制回路还都是基于PID控制。

为了实现PID参数整定的科学化、系统化、规范化和工程化，我们采取了多种形式：公众号、线上和线下研讨会、发布指导手册、发表科技论文、技术转移和培训、软件与微信小程序“PID整定助手”开发、控制回路优化项目实施等。出版相关书籍是我们努力实现PID整定大众化的一部分工作。成书中有很多同行的观点，感谢“互侃PID”公众号和“过控学苑”微信群的各位老师、同仁的大力支持。“真知即所以为行，不行不足谓之知；知是行之始，行是知之成；知是行之主意，行是知之功夫。”欢迎大家都参与到PID参数整定和复杂控制方案设计的理论研究与应用实践中，一起推动装置自动化和智能化的提高。独行快，众行远，希望我们一起多做对提高中国过程控制水平有意义的事情！

由于作者水平所限，书中定有不少不尽如人意之处，难免以偏概全。欢迎大家批评指正，希望本书对从事过程控制工作的工程师有所启发。

冯少辉

缩略语表

CC	Cohen-Coon	科恩-库恩
CV	Controlled Variable	被控变量
DCS	Distributed Control System	集散控制系统
DV	Disturbance Variable	干扰变量
FCE	Final Control Element	最终控制元件
IFAC	International Federation of Automatic Control	国际自动控制联合会
ISA	International Society of Automation	国际自动化学会
MV	Manipulated Variable	操纵变量
OP	Controller OutPut	控制器输出
PB	Proportional Band	比例度
PID	Proportional Integral Derivative	比例积分微分
PV	Process Variable	过程变量
SIS	Safety Instrumented System	安全仪表系统
SISO	Single Input Single Output	单输入单输出
SP	Set Point	设定值
ZN	Ziegler-Nichols	齐格勒-尼克尔斯

PID

目录

CONTENTS

1

概述

PID

反馈是一个非常强大的想法。它的使用通常会带来革命性的效果，使性能得到极大的改善。反馈控制在生活中随处可见。淋浴是一个典型控制问题。淋浴时，假定冷水龙头不变，只调节热水。人们首先需要感知水温的高低，然后根据自己的感觉做出决策。如果感觉水温高了，就把热水龙头关小一点；如果感觉水温低了，就把热水龙头开大一点。换句话说，控制作用应该向减少偏差的方向变化，也就是所谓负反馈。控制方向对了，还有一个控制量的问题。温度高了 1℃，热水龙头该关小多少呢？这个决策过程就是控制。把这个决策过程的知识固化下来通过程序自动实现，并推广应用到其他的参数控制中，就是通用控制器。

在汽车驾驶中，当车速与预期车速差别比较大时我们会猛踩油门，当车速靠近预期车速时会通过缓慢调整油门保持车速，当车辆下坡车速过快时我们会收油门踩刹车来减速。这个决策过程也是控制。将通用控制器应用到各种生产生活的具体参数上，像人操纵汽车速度一样操纵参数，就是自动控制系统。自动控制系统既包括汽车的自适应巡航、空调的室温控制、烤箱的温度控制，也包括生产中的流量、液位、压力、温度等工艺参数的控制。

这个自动控制的过程可以统一描述为：检测参数值，与预期值比较，根据偏差决策，最终执行，这样一直重复，直到偏差被消除。自动控制技术可以通过知识自动化模拟人的作用将人类从复杂、危险、烦琐的劳动环境中解放出来并大大提高生产效率。泰勒仪表公司在 1928 年的广告中就提到：“手动控制连续巴氏杀菌机这种事情太多了——必须做点什么，人类的忍耐达到了极限”。

为了说明过程控制，让我们考虑一个使用蒸汽对物料进行加热的换热器，其过程如图 1-1 所示。该装置的目的是将物料从某一入口温度加热到某一期望的出口温度。物料获得的能量是由蒸汽的冷凝潜热提供的。

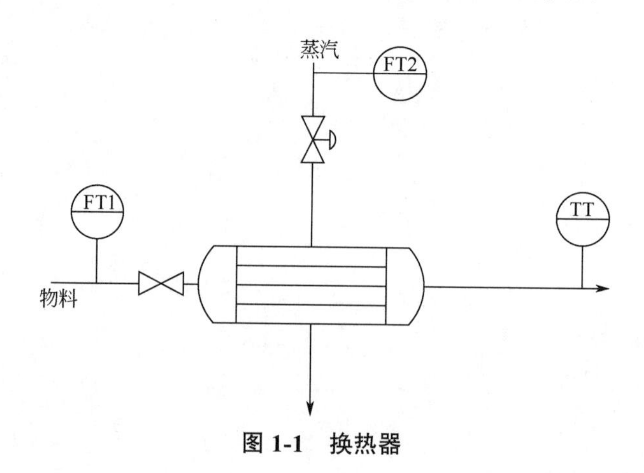

图 1-1　换热器

在这个过程中，有许多参数可能发生变化，导致出口温度偏离其期望值。如果发生这种情况，那么必须采取一些行动来纠正偏差，目的是保持出口温度在其期望值。

实现这一目标的一种方法是测量温度，将其与期望值进行比较，并在此比较的基础上决定如何纠正偏差。当然可以操控物料阀门来纠正偏差，不过更常操控蒸汽阀门来纠正偏差。也就是说，如果温度高于它的期望值，那么蒸汽阀门就可以节流以减少流向换热器的蒸汽流量。如果温度低于期望值，则可打开蒸汽阀，增加进入换热器的蒸汽流量。所有这些都可以由操作员手工完成，而且过程相当简单。然而，这种手动控制存在几个问题。首先，这项工作要求操作人员经常查看温度，当温度偏离预期值时采取纠正措施。其次，不同的操作人员对如何操控蒸汽阀门会做出不同的决定，这导致过程变量的动态一致性变差。最后，因为在大多数工厂中，有数百个变量必须维持在期望的值，手动控制需要大量的操作人员。由于这些问题，我们希望自动完成这一控制。也就是说，我们希望系统能够在不需要操作员干预的情况下控制过程变量。这就是自动过程控制的含义。

为了实现过程的自动控制，必须设计和实现一个控制系统。换热器出口温度可能的控制系统如图 1-2 所示。首先要做的是测量物料的出口温度。这是由传感器（热电偶、热敏电阻等）来完成的。通常这种传感器物理上与变送器相连，变送器接收传感器的输出，并将其转换为足够强的信号，传输给控制器。然后，控制器接收到与温度相关的信号，并将其与期望值进行比较。根据这个比较的结果，控制器决定做什么来保持出口温度在期望的值。在这个决定的基础上，控制器向最终控制元件发送一个信号，最终控制元件再操控蒸汽流量。这种控制策略被称为反馈控制。

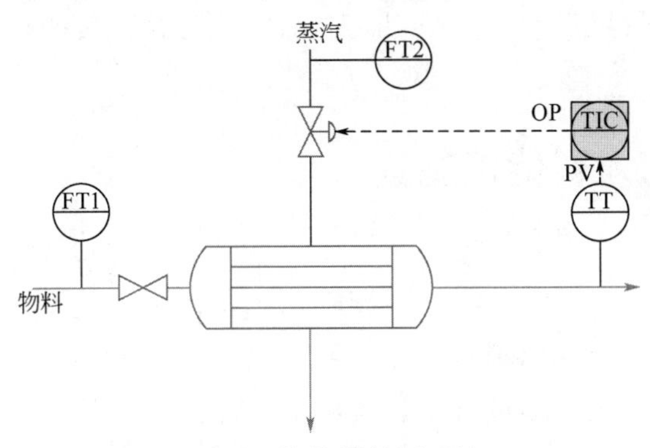

图 1-2　换热器控制系统

因此，所有控制系统的三个基本组成部分是：

① 传感器/变送器　也常称为初级和次级元件；

② 控制器　是控制系统的“大脑”；

③ 最终控制元件　通常是调节阀。其他常见的最终控制元件还有变速泵、传送带和电动机等。

这些组件执行的三个基本操作必须存在于每个控制系统。这些操作是：

① 测量　测量要控制的变量通常通过传感器和变送器的组合来完成，在一些系统中，传感器的信号可以直接反馈给控制器，因此不需要变送器；

② 决策　在测量的基础上，控制器决定如何操作最终控制元件以保持变量在其期望的值；

③ 执行　控制系统必须采取动作执行控制器的决定，这通常由最终控制元件完成。

这三个操作总是存在于各类控制系统中，并且它们必须在一个回路中。也就是说，在测量的基础上做出决策，并在这个决策的基础上采取行动。所采取的行动必须影响测量结果，否则无法实现控制。在某些系统中决策制定相当简单，而在另一些系统中决策制定则复杂得多。

尽管自动控制回路由测量、决策和执行元件组成，但关于用来测量过程变量和实现最终控制元件作用的设备的详细信息超出了本书的范围。自动控制回路中的第三个基本组成部分是控制器本身。本书详细探讨的自动控制器主要是 PID 控制器。因为 PID 控制器是最常用的负反馈控制器。在 20 世纪 40 年代过程控制出现后，PID 控制器逐渐成为事实上的工业标准算法。目前 95%以上的过程控制回路和 90%以上的航空航天控制回路都是基于 PID 控制，且大多数控制回路实际上是比例积分控制。PID 控制器这么成功，是因为它结构简单、控制效果理想，又模拟人的动作、符合人类的直觉。

1.1 PID 仿人智能控制器

现在人工智能蔚然成风，其实控制论也是人工智能。维纳控制论中控制使用的英文单词是 cybernetics 而不是我们常用的 control，cybernetics 具有控制、反馈、人机交互等多重含义。维纳的工作把控制论从一个技术问题上升到一个哲学层面，从而将控制论扩展到客观世界的运行原理上，成为一门以研究系统的结构、状态、功能、行为方式和变化趋势为主要特征的科学。无论是控制论还是现在的人工智能，看起来对过程控制的影响都不大，但是对如何理解过程控制有很大的作用。PID 算法的生命力源于解决控制问题的能力而不是理论的完备和高深。PID 作为最主要的过程控制算法，其本质是模拟人的行为的仿人智能控制器。

PID 控制算法的构成在控制理论形成之前就基本确定。在跨越气动、机械、电子、数字时代后，PID 控制算法的基本形式仍风靡全球。但是对这三个参数的解释和意义，理论界的总结已经和工程师的初衷有非常大的不同，现代基于频域原理的 PID 参数整定方法，工程师在工业现场很少应用。PID 的生命力来源于它的仿人结构，比例作用、积分作用和微分作用分别可以模拟人的联想能力、记忆能力和预测能力。只要被控目标满足循环因果律，使用负反馈和线性 PID 算法往往就足以解决过程的非线性控制问题。负反馈框架和 PID 仿人算法使得很大范围内的 PID 参数都可以实现稳定控制，这降低了 PID 参数整定的难度，也造成 PID 参数工程整定方法有上百种。

通过 PID 和以 PID 为基础的复杂控制，基本就可以实现生产过程中的知识自动化（Automation of Intelligence，AI）。其实，人工智能原本是作为“机械大脑”和机械认知的“控制论”而出现的。从工程角度看，人工智能的实质就是知识自动化，所以说 PID 也智能，也是 AI。把工艺过程知识自动化的过程就是装置智能化的过程。不能把装置智能化简单理解为大数据、神经网络、深度学习、数字看板、机器人、无人机等。

1.2 复杂控制和先进控制

先进控制是对那些不同于常规单回路控制，并具有比常规 PID 控制效果更好的控制策略的统称，而非专指某种计算机控制算法。在控制系统的分层结构中，先进控制属于多变量约束控制层。从广义上讲复杂控制也是先进控制，也属于多变量约束控制层。

工业界习惯把先进控制特指多变量模型预测控制，我们按这个习惯来分析复杂控制和先进控制的区别和联系。

复杂控制和先进控制都属于多变量约束控制。复杂控制来源于实践，其实反映了工程师解决多变量控制问题的思路，更像一个群英会。例如三冲量控制本质上属于前馈串级联合控制，前馈控制则是和 PID 控制完全不同的控制方式，分程控制实际上仍是一个单回路 PID 控制，阀位控制擅长自由度处理，属于协调优化控制方案。复杂控制基于 PID，具有实施快、投资少、安全可靠的优点，但是复杂控制处理的变量个数有限，而且处理约束的灵活性不足。多变量模型预测控制则擅长处理更大规模的约束控制问题，而且能根据装置的当前约束情况自动进行最佳可行解寻优。如果上层优化程序要把最优解传递给 DCS 的底层控制回路，则都要以多变量模型预测控制为桥梁，在保证装置安全的前提下将最优解转化为可行的最优解。

先进控制的应用更多的是关于工作过程而不是技术。与传统的 PID 控制相比，先进控制是一种“控制思维”的改变。通过严格形式化和分析潜在问题，选择输入和输出变量，用描述性的简化数学模型表示复杂的物理现象，并使用数学工具进行设计和分析，实现了这种思维方式的转变。然而，并不是每个控制问题都适合先进控制，先进控制技术有过度使用甚至滥用的趋势。控制实现的质量高度依赖于实施人员的能力，这一点复杂控制和先进控制都一样。实施人员过度依赖工具，良好的过程知识和最佳实践工作过程的重要性被严重低估。在项目交付的压力下，没有花足够的精力来获得高质量的过程模型并制定完备的控制器结构，而是常常过早地匆忙进行模型结构和参数有问题的控制器设计。在项目的后期，要花大量的时间修补模型和调整控制器参数，希望靠运气实现控制目标、满足控制要求，从而导致项目在质量、工期和成本上都达不到预期。

复杂控制和先进控制的区别见表 1-1。复杂控制是工程师在约束条件下，充分发挥才智，创造性解决控制问题产生的控制方案的汇总。而先进控制则是一种专门解决多变量协调优化问题的架构，能实现大部分复杂控制功能而且变量规模更大更灵活，可以作为实时优化和底层控制回路的桥梁。许多复杂控制方案都可以用先进控制实现并获得更好的性能。虽然这两种控制技术有很大的不同，但它们基于相同的过程分析和操作要求。这两种控制技术的不同之处在于：使用先进控制技术，控制目标可以更充分或更优雅地实现。

多变量模型预测控制也是工业现场最常用、最主要的多变量约束控制算法。但是先进控制项目的投资更大、对支持维护人员的要求比较高。在间歇过程、工艺经常改动的装置上还是建议优先通过复杂控制的方式提高装置的安全、效益和效率，实现装置的知识自动化。基础控制回路优化、控制方案设计和先进控制都是实现生产过程自动化的主要手段。理解和应用复杂控制方案，是衡量一个过程控制工程师水平的标志，也是做好先进控制的关键技术基础。

表 1-1　复杂控制和先进控制的区别

项目	复杂控制	先进控制
灵活性	小	大
实施时间	短	长
实现途径	DCS	单独服务器
综合成本	低	高
方案规模	几个	几十个
知识要求	过程控制＋工艺	工艺＋过程控制
可靠性	高	低
基本原理	PID 组合控制	模型预测控制
实时性	秒级	分钟级
RTO（实时优化）实施	不能	桥梁
技术路径	从下而上	从全局到局部
技术前提	内部实施为主	供应商为主

1.3　全书构成

尽管关于许多 PID 控制器商业产品的细节超出了本书的范围，但幸运的是，PID 控制器的大多数供应商所使用的基本计算方法非常相似。本书的主要内容包括：

① 介绍过程控制基本原理，包括定义、目的、方式、过程模型以及控制系统评估等；

② 学习如何收集和分析响应曲线，以确定过程的基本动态特性参数；

③ 理解 PID 控制算法对过程的影响及各种算法改进；

④ 了解 PID 参数如何影响闭环性能，以及如何使用 Lambda 整定方法确定这些参数的值；

⑤ 在实际工业现场进行问题分析和 PID 参数整定的最佳实践；

⑥ 掌握各种多变量复杂 PID 控制策略的作用和局限性，并学习如何将这些知识应用到实际过程中。

2

过程控制基本原理

反馈广泛应用于自然和技术系统中。很久以前，大自然就发现了反馈。它创造了反馈机制，并且在各个层次利用这些机制，反馈过程控制着我们如何成长，如何应对压力和挑战，以及如何调节体温、血压和胆固醇水平等因素。它是机体平衡和生命的核心。反馈的原理很简单：根据期望和实际表现之间的偏差进行调节。在工程领域，反馈的使用经常会使系统能力发生巨大改进，这些改进有时是革命性的，原因在于反馈具有一些真正非凡的特性。从广义上讲，维持一个易变的物理量稳定或使其按照预定方式变化的方法或措施就是控制。在人们的日常生活中，举目所见如果不是直接受自动控制作用，起码它的生产或制造过程与自动控制息息相关。

反馈对确定性系统仅仅是形式上的，反馈的关键用途之一是为不确定性提供鲁棒性。例如，根据过程变量和设定值之间的偏差，反馈可以提供一个校正动作来部分补偿干扰的影响。反馈的另一个用途是改变系统的动态。通过反馈，我们可以改变系统的行为，以满足应用程序的需求：不稳定的系统可以被稳定，迟缓的系统可以快速做出响应，有漂移工作点的系统可以保持恒定。反馈可以确保即使使用简单的线性控制算法也能解决生产过程中的大部分非线性过程控制问题。控制理论提供了一套丰富的技术来分析复杂系统的稳定性和动态响应以及系统的行为界限。反馈可以用模块化的方式创建，并以结构化的分层方式在输入和输出之间形成定义良好的关系。模块化系统是一种不影响其他部分正常运行就可以更换单个部件的系统。

虽然反馈有很多优点，但它也有一些潜在的缺点。其中最主要的缺点是：如果系统设计不当，可能会不稳定。除了潜在的不稳定性之外，反馈还必然地将系统的不同部分耦合在一起。反馈的一个共同问题是，它往往会将测量噪声注入系统。因此，不仅要小心地对测量信号进行滤波，以保证最终控制元件与处理过程的动态特性不受影响，更要保证来自传感器的测量信号能够正确地耦合到闭环动态特性中，以便能够达到适当的性能水平。反馈控制的另一个潜在缺点是将控制系统嵌入产品的复杂性。虽然传感器、计算机和最终控制元件的成本在过去几十年里大幅下降，但控制系统总体仍很复杂，因此人们必须仔细平衡成本和收益。

通过反馈实现自动化并不是什么新鲜事。自动控制原理的早期应用出现在古代，自动化的广泛应用始于 19 世纪，当时机械正成为制造商品的主要方法。近年来的巨大变化使自动化在我们的日常生活和工业系统中起着不可或缺的重要作用。

化工、石油、造纸、制药工业的生产过程需要精确地控制流量、液位、压力、温度等工艺参数以得到好的产品质量。锅炉、反应器、精馏塔、混合器和搅拌器是典型的工业过程设备。人们研发了多种传感器用来测量不同物理量，而最终控制元件通常是调节阀、计量泵、挡板和电动机等。过程控制的主要目标是在满足环境和产品质量要求的同时，安全、经济地将过程保持在所需的操作条件。过程控制是自动控制的一个子学科，应用过程控制技术可以提高过程的安全性和盈利能力，同时保持稳定的高产品质量。过程控制还减轻了工厂人员烦琐的日常任务，为他们提供需要监控的运行数据。在智能制造的今天，过程控制知识与计算机技能一样，都应该成为过程工业从业人员的基本技能。

本书所包含的内容是过程控制工程师执行大多数任务时应具备的基础。过程控制是所有过程工业的一个基本主题。例如，工厂设计师必须考虑所有设备的动态运行。负责工厂运行的工程师必须确保对不断发生的干扰做出正确的反应，以便运行安全且高效。最后，过程工程师必须控制他们的设备，以达到工艺要求。总之，工程师的任务是利用现有的控制技术和基础设施制定一个满足运行要求的过程控制解决方案。

工厂设备的正确设计对于实现控制和提供良好动态性能至关重要，因此，控制和动态运行是工厂设计中要考虑的一个重要因素。我们可以预测工厂的未来变化，并根据预期的未来变化在工厂设计时设计出适当的控制设备。

开始 PID 参数整定和复杂控制的介绍前，需对过程控制的基本原理有所了解。本章首先介绍了过程和过程控制的常用术语以及为什么需要过程控制。过程控制方式包括开环控制和闭环控制，PID 只是其中的一种最常用的闭环控制方法。认识过程才知道如何控制过程，所以本章还介绍基于响应曲线的过程动态特性获取方法和后面用到的两类过程（自衡过程和积分过程）以及这两类过程的闭环判断方法。要想对控制系统进行评估就要先确定评估的方法和标准，本章既介绍常用的阶跃响应曲线评估方法，也给出了工程化的最优评价：过程变量有超调无振荡。

2.1 过程和过程控制

过程被广义地定义为使用资源将输入转化为输出的操作。正是这种资源为转变的发生提供了能量。

大多数工厂运行多种类型的过程，包括分离、混合、加热和冷却等。每个过程都表现出一种特定的动态行为来控制转换，也就是随着时间的推移，资源或输入的变化是如何影响转换的。这种动态行为是由输入、资源和过程本身的物理属性决定的。典型的换热器将热量从加热物质传递到被加热物质中。进料的性质（温度）、加热物质的性质（压力）和所使用的特定换热器的性质（表面积、传热效率）将决定动态行为，即：进换热器被加热物质的入口温度或加热物质的压力（流量）的变化如何影响被加热物质的出口温度。

过程控制：针对连续或间歇过程中的流量、液位、压力、温度、化学成分（如产品成分、含氧量）、物性参数（如黏度、熔融指数）等变量而实现的自动控制系统，使其保持恒定或按一定规律变化，克服干扰，满足性能指标要求。

过程控制是一个很特别的工程专业领域，过程控制和航空航天的现代控制的被控对象差别很大，用到的控制方法也大不相同。由于被控对象建模复杂而且多变，过程控制只能尽量利用简单的理论和可靠的技术。过程特性决定了每套装置的过程控制方案都要根据工艺条件和控制要求定制化设计。过程控制理论和实践脱节是主要问题。学校教授的控制课程（自适应控制、神经网络、人工智能、模式识别）在现场往往用不上。现场过程控制工程师更需要 PID 参数整定、控制方案设计、先进控制等知识。学校的控制理论更多传授频域分析和现代控制理论，而现场工程师更关心如何利用有限的资源实现自动控制。学生毕业进入工厂后会发现学不能致用，只好自己在实践中慢慢总结摸索。很多时候工程师都被事务性的工作牵绊，成为工厂的“救火队员”，这导致很多现场工程师的过程控制水平提升比较缓慢。

过程控制定义的一个推论是可控过程必须以可预测的方式运行。对于操纵变量的给定变化，过程变量必须以可预测和一致的方式做出响应。过程控制框图见图 2-1，以下是框图中出现而且在后面章节会使用到的一些过程控制术语的定义。这些术语在后面将直接使用就不再重新说明了。

操纵变量（MV）是对输入过程的资源的度量，例如有多少热能。

最终控制元件（FCE）是改变操纵变量值的设备。

控制器输出（OP）是从控制器到最终控制元件的信号。

过程变量（PV）是对过程输出的测量，该过程输出会随着操纵变量的变化而变化。

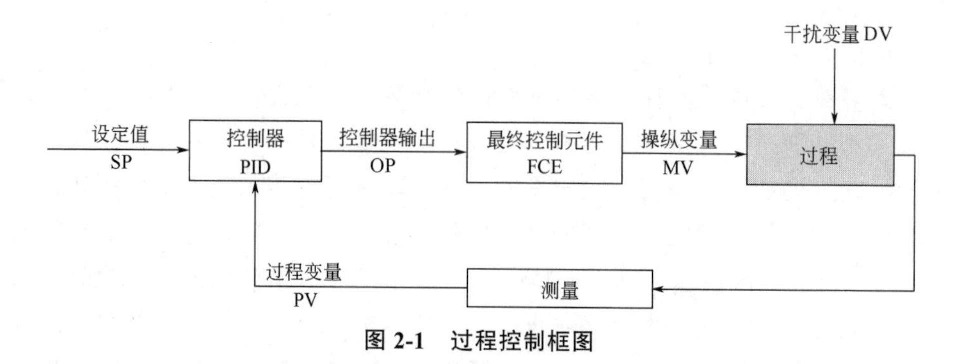

图 2-1　过程控制框图

设定值（SP）是过程变量需要保持的值。

干扰变量（DV）是过程输入或资源中不受控制的变化。

2.2　过程控制目的

2.2.1　安全第一

自动控制系统能使工艺过程以安全、有利的方式运行。自动控制系统以下列方式实现这一点：通过不断测量过程操作参数，如流量、液位、压力、温度和浓度，然后做出决策，例如，打开阀门、减慢泵的速度和打开加热器等，以便将选定的过程变量保持在设定值。

自动控制系统的首要目标是安全，包括人、环境和设备的安全。人员安全是任何工厂运行的最高优先级。过程和相关控制系统的设计必须始终以人的安全为首要目标。

环境安全与设备安全之间的权衡是根据具体情况来考虑的。例如，在极端情况下，核电站的运行允许整个核电站被破坏，而不允许大量的辐射泄漏到环境中。而一个燃煤电厂的运行可能允许偶尔向环境释放一团烟雾，但不允许对一个价值数百万的过程装置造成损害。对一个特定的工厂来说，无论优先考虑的是什么，在定义控制目标时，环境和设备的安全都必须得到明确的处理。

2.2.2　效益优先

当确保了人、环境和工厂设备处于安全状态后，控制目标才可以集中在效益上。自动控制系统在这方面有很大的用处。由效益驱动的全厂控制目标包括满足最终产品指标，最大程度地减少废品生产、环境影响、能源使用，提高整体产量等。

如果偏离产品指标会降低产品的市场价值，那么由市场决定的产品指标就是一个基本的优先事项。产品指标包括密度、黏度、浓度、厚度或干点等。

在控制中，一个常见的挑战是使产品指标接近最小或最大的产品指标边界，如最小厚度或最大杂质浓度。当产品的厚度超过最小厚度要求时，就需要消耗更多的原材料。因此，通过操作使产品厚度越接近允许的最小厚度约束，利润越大。同样地，产品的纯度越高，需要的加工成本越高，因此，通过操作使产品杂质浓度越接近允许杂质限制的最大值，利润越大。

所有这些全厂范围内的目标最终转化为在工厂内单个过程单元的操作，应该尽可能地使流量、液位、压力、温度、浓度或其他可以测量的过程变量接近其设定值。控制不好的过程中过程变量随时会发生很大的波动，为了确保不超过约束限制，设定值必须设置在远离约束的工作点，从而牺牲效益。控制良好的过程中过程变量的波动要小得多，设定值可以更接近操作约束，从而提高工厂的盈利能力，这就是我们常说的“卡边”控制。如图 2-2 所示，通过控制改善可以减少过程变量的波动，在保证产品质量不变的前提下通过设定值修改实现“卡边”控制。

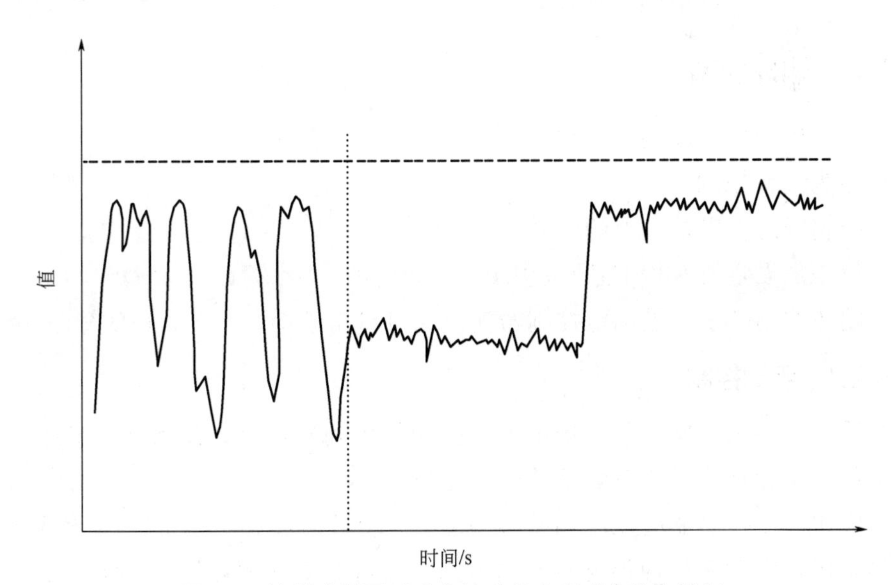

图 2-2　控制改善可以减少波动并实现“卡边”控制

2.3 过程控制方式

只要根据一定规则对过程变量产生影响就是控制。根据这个影响是否和过程变量本身有关，可以分为开环控制和闭环控制。

2.3.1 开环控制

开环控制中，控制器输出不是过程变量的函数。

在开环控制中，我们不关心特定设定值的保持，控制器输出固定在一个值，直到被操作员改变。许多过程在开环控制模式下是稳定的，在没有干扰的情况下过程变量将稳定在一个值。

所有过程都会受到干扰，开环控制总是会导致过程变量产生偏差。有些过程只在给定的一组条件下是稳定的，干扰会使这些过程变得不稳定。但是对于某些过程，开环控制就足够了。在日常做饭时，一般并不用考虑烹饪的实际温度，这就是一个明显的开环控制。自动喷泉系统或全自动洗衣机也是常见的开环控制。前馈控制是开环控制的主要形式。例如在换热器的蒸汽调节阀增加一个操作器，操作员的工作就是观察干扰的情况并相应调整蒸汽调节阀，这就是手动前馈开环控制系统。

2.3.2 闭环控制

闭环控制中，控制器输出由设定值和过程变量之间的偏差决定。闭环控制也称为反馈控制。

控制器的输出是偏差的函数。

偏差是设定值 SP 和过程变量 PV 之间的差，定义为 $e=\mathrm{SP}-\mathrm{PV}$。

闭环控制基于偏差确定控制器输出，可以是手动、开关、PID 算法等。

2.3.2.1 手动控制

手动控制中，操作员根据偏差直接操作控制器输出，控制器输出通过操纵最终控制元件将过程变量保持在设定值。

例如，在换热器的蒸汽调节阀增加一个操作器，操作员的工作就是观察换热器出口温度并相应调整蒸汽调节阀，这就是手动闭环控制系统。虽然这样的系统可以工作，但是成本很高，有效性取决于操作员的经验，一旦操作员离开，系统就处于开环状态。驾驶汽车是手动闭环控制的另一个例子。驾驶员定期检查速度表上的行驶速度，将其与预期速度进行比较，并对油门进行调整，使其保持在预期速度。

2.3.2.2 开关控制

开关控制根据偏差提供开或关的控制器输出。

开关控制是最基本的控制概念，就像定频制冷空调，当温度高于设定值则制冷压缩机全开，当温度低于设定值则制冷压缩机停止做功。这是一种非常粗糙的控制形式，但如果过程变量的较大波动可以接受，则可将其视为一种廉价而有效的控制手段。

由于开关控制器只能使控制器输出为开或关，因此开关控制要求最终控制元件具有两个指令位置：运行/停止、打开/关闭。过程变量表现为随时间变化的锯齿响应。

但是当过程变量等于设定值时呢？控制器输出不能同时开启和关闭，所以开关控制器通过图 2-3 所示逻辑设置一个称为死区的值来分隔控制器，改变其输出的点。当偏差大于死区高限时控制器输出打开，当偏差在死区内时控制器输出保持不变，当偏差小于死区低限时控制器输出关闭。

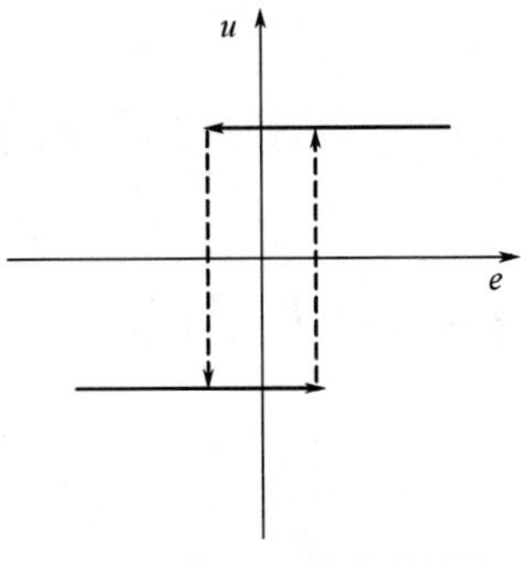

图 2-3 带死区的开关控制

死区是控制器输出再次改变方向之前必须经过的值。

开关控制的公式如下：

$$u(t)=\begin{cases}u_{max} & e(t)>e_{max}\\ u(t) & e_{min}\leqslant e(t)\leqslant e_{max}\\ u_{min} & e(t)<e_{min}\end{cases} \tag{2-1}$$

式中 $u(t)$——控制器输出；

u_{max}——控制器输出开；

u_{min}——控制器输出关；

$e(t)$——控制器输入，偏差；

e_{max}——死区高限；

e_{min}——死区低限。

2.3.2.3 PID 控制

PID 控制：将偏差按比例、积分和微分通过线性组合构成控制量，对被控对象进行控制。

开关控制器只能使控制器输出为开或关，而 PID 控制器提供了可调节的控制器输出。PID 控制要求最终控制元件能够接收一定范围的指令值，例如阀门开度或泵速度。

与开关控制相比，PID 控制的优点是能够以较小的偏差（无死区）运行过程，并且最终控制元件的磨损也较小。

PID 控制结构简单、稳定性好、工作可靠、整定方便，是工业控制的主要技术之一。即使被控对象的结构和参数不能完全掌握，或得不到精确的数学模型，在负反馈形式的强大加持下，PID 控制技术仍能发挥很好的作用。

2.4 动态过程模型

2.4.1 过程阶次

在石油、化工、冶金、电力、轻工和建材等工业生产中，连续的或按一定程序周期进行的生产过程的自动控制称为生产过程自动化。凡是采用模拟或数字控制方式对生产过程的某一或某些物理参数进行的自动控制就称为过程控制。过程控制一般使用数学方法对系统进行研究，并使用微分方程来建立这些过程的数学模型。微分方程是包含变量微分的方程。微分方程的阶次是方程中包含的变量的最大微分阶次。一个过程的阶次就是对其建模所需的微分方程的阶次。

过程阶次是一个重要的概念，因为它描述了过程如何响应控制器输出作用。幸运的是，我们不需要钻研数学知识来获得实际过程的阶次，只需对过程进行阶跃测试，过程阶跃响应曲线会告诉我们所需要的信息。

在过程变量稳定后，通过控制器输出的阶跃变化获得响应曲线。响应曲线揭示了被控过程的动态特性。

响应曲线是系统在控制器输出阶跃变化作用下，过程变量从初始状态到稳定状态相对于时间的曲线。

2.4.2 一阶过程

图 2-4 是一阶过程的响应曲线。该响应曲线描述了控制器输出变化 5%时，过程变量从初始状态到稳定状态的动态响应过程。

理解一阶纯滞后过程模型是理解 PID 控制的基础。了解一阶纯滞后过程的三个表征参数——纯滞后时间 τ、时间常数 T 和增益 K，将极大地有助于整定 PID 控制器，因为这也是进行 PID 参数整定计算的控制模型参数。

一阶过程对过程输入阶跃变化具有指数响应，并且可以完全由三个参数表征：纯滞后时间 τ、时间常数 T 和增益 K。

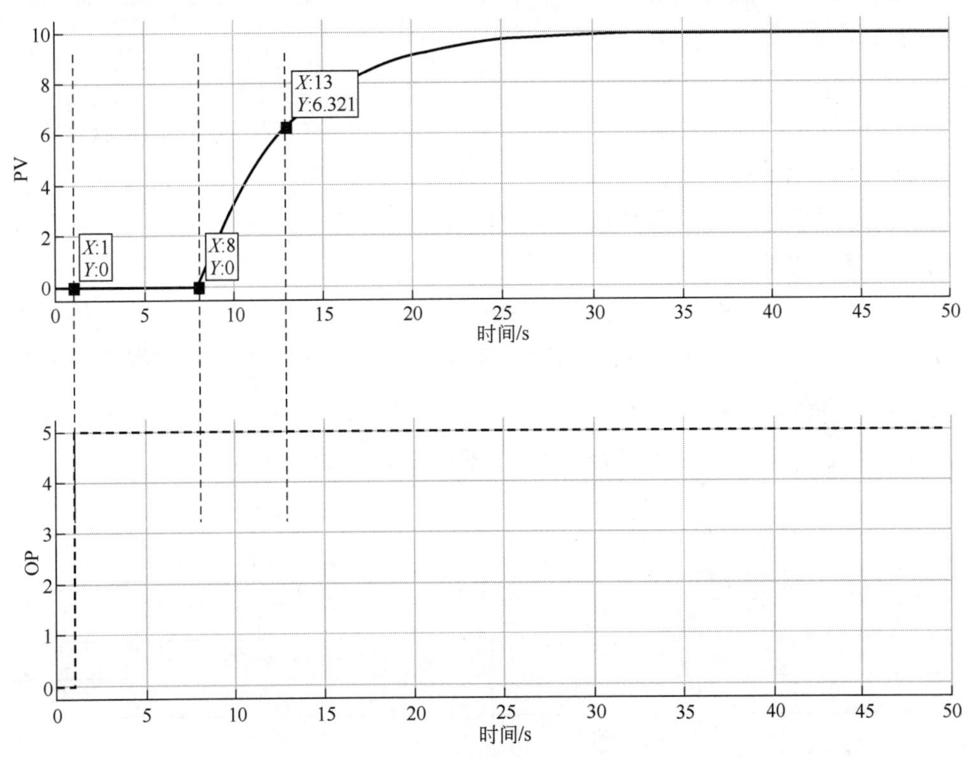

图 2-4　一阶纯滞后过程响应曲线

（1）纯滞后时间

纯滞后时间 τ 是从控制器输出变化到过程变量开始发生变化之间经过的时间。

纯滞后是指由于对象的测量环节、传输环节或其他环节造成整个系统输出纯滞后于输入变化的现象。传感器和最终控制元件都可能增加过程纯滞后时间，而过程本身的纯滞后时间通常是传输延迟的结果（如传送带上输送的物料、管道中的可压缩物料）。纯滞后时间是回路整定的“敌人”，一个过程中纯滞后时间的长短将决定该过程能被整定到什么程度并保持稳定。

（2）纯滞后时间计算

如图 2-4 所示，控制器输出在 1s 时发生了阶跃变化，直到 8s，过程变量才开始变化。本例中的纯滞后时间 τ 为：

$$\tau = 8 - 1 = 7\text{s} \tag{2-2}$$

控制器看到的纯滞后时间是传感器、最终控制元件和过程自身纯滞后时间的总和。

（3）时间常数

时间常数 T 描述了控制器输出变化时过程变量的响应速度。时间常数是阶跃变化时一阶过程响应中过程变量开始变化到首次达到其总变化量 63.2%的时间。

时间常数越小，过程越快。需要注意的是过程变量响应的开始时间为过程变量变化的第一反应时间，而不是控制器输出第一次变化的时间。不同时间常数倍数时对应的过程变量变化与总变化量的关系见表 2-1。理论上达到稳态的时间无穷大，一般认为 3 倍时间常数后一阶过程响应达到过程变化量的 95%就算进入稳态。

表 2-1　时间常数与变化量/总变化量的关系

时间	过程变量变化
T	63.2%
$2T$	86.5%
$3T$	95.0%
$4T$	98.2%
$5T$	99.3%

（4）时间常数计算

为了找到一阶纯滞后过程的时间常数，必须找到阶跃变化响应过程中 63.2%的过程变量变化，并从响应曲线中确定这个过程变量值出现的时间。

如图 2-4 所示，在控制器输出阶跃变化之前，过程变量值稳定在 0。阶跃变化后，直到 8s，过程变量才开始变化，然后逐渐稳定在 10。我们使用符号Δ来表示变化，ΔPV 是过程变量的变化。一倍时间常数后的过程变量的变化为：

$$63.2\% \times \Delta PV = 63.2\% \times (PV_{终} - PV_{始}) = 63.2\% \times (10 - 0) = 6.32 \quad （2\text{-}3）$$

一倍时间常数后的过程变量值为：

$$0 + 6.32 = 6.32 \quad （2\text{-}4）$$

从图 2-4 的响应曲线中，我们可以看到在 13s 时的过程变量达到 6.32。时间常数 T 是这个时间减去过程变量开始变化的时间。

$$T = 13 - 8 = 5\text{s} \quad （2\text{-}5）$$

控制器看到的过程时间常数 T 是传感器、最终控制元件和过程自身时间常数的函数。

（5）过程的可控性

纯滞后时间和时间常数之间的关系，决定了过程的可控性。纯滞后时间小于时间常数（纯滞后时间/时间常数 ＜ 1）的过程更容易控制。纯滞后时间大于等于时间常数（纯滞后时间/时间常数 ≥ 1）的过程更难控制，控制器必须整定得弱一些从而保持闭环系统稳定。

图 2-4 的过程中：

$$\frac{\tau}{T} = \frac{7}{5} = 1.4 > 1 \quad （2\text{-}6）$$

因此该过程相对难控制。

“大纯滞后过程闭环稳定，控制器参数可调范围更小，所以相对而言更难控制”，这个传言是由于早期的控制器参数整定方法不适用于大纯滞后过程而产生的。实际上通过使用最新的控制器参数整定方法，针对大纯滞后过程也能很容易地找到闭环稳定的控制器参数。但是大纯滞后过程控制器参数的闭环稳定区域的确显著变小，所以传言说的也没有错。直接使用统一公式可以轻松地得到大纯滞后过程稳定快速控制的 PID 参数。

（6）增益

增益 K 是过程变量变化对控制器输出变化的响应倍数，或过程变量的稳态变化除以控制器输出的稳态变化。

增益是一个描述过程输入变化导致过程变量变化幅度的模型参数。增益可以通过用过程变量稳态变化除以引起该变化的控制器输出稳态变化得到。

增益反映了过程的稳态特性。

（7）增益计算

图 2-4 中过程变量的变化ΔPV 是：

$$\Delta PV = PV_{终} - PV_{始} = 10 - 0 = 10 \tag{2-7}$$

控制器输出的变化ΔOP 是：

$$\Delta OP = OP_{终} - OP_{始} = 5 - 0 = 5 \tag{2-8}$$

这个过程的增益是：

$$K = \frac{\Delta PV}{\Delta OP} = \frac{10}{5} = 2 \tag{2-9}$$

（8）无单位增益

在这个过程中有一个重要的知识点：上面计算的增益其实是带单位的，与大多数软件模拟不同，实际使用的控制器增益都是无单位的。所以进行 PID 参数计算时也要对增益进行无单位处理。当增益用于计算实际使用的 PID 控制器参数时，过程变量的变化需要用过程变量量程的百分比表示，控制器输出的变化也需要用控制器输出量程的百分比表示，因为实际使用的控制器计算使用的偏差是无单位形式。

在本例中，过程变量的量程范围为 0～100，过程变量量程为 100－0＝100。过程变量变化占量程的百分比为：

$$\frac{\Delta PV}{PV_{量程}} \times 100\% = \frac{PV_{终} - PV_{始}}{PV_{量程}} \times 100\%$$

$$= \frac{10-0}{100} \times 100\% = 0.1 \times 100\% = 10\% \tag{2-10}$$

控制器输出的量程范围为 0～100，控制器输出量程为 100－0＝100。控制器输出变化占量程的百分比为：

$$\frac{\Delta OP}{OP_{量程}} \times 100\% = \frac{OP_{终} - OP_{始}}{OP_{量程}} \times 100\%$$

$$= \frac{5-0}{100} \times 100\% = 0.05 \times 100\% = 5\% \tag{2-11}$$

无单位增益：

$$\frac{10\%}{5\%}=2 \tag{2-12}$$

将增益转换为无单位增益的快捷方法是使用以下计算：

$$\text{无单位增益}=\frac{\Delta PV}{\Delta OP}\times\frac{OP_{\text{量程}}}{PV_{\text{量程}}}=\frac{10}{5}\times\frac{100}{100}=2 \tag{2-13}$$

2.4.3 高阶过程

与一阶过程不同，高阶过程对控制器输出阶跃变化表现出高阶特性响应。高阶特性响应可以分为三类：过阻尼、欠阻尼和临界阻尼。

任何一个振荡系统，当阻尼增加到一定程度后，物体的运动是非周期性的，物体振荡连一次都不能完成，只是慢慢地回到平衡位置就停止了。一个系统受初始扰动后不再受外界激励，因受到阻力造成能量损失而位移峰值逐渐减小的振荡称为阻尼振荡。系统的状态由阻尼率 ξ 来划分。

① 当 $0<\xi<1$ 时，系统所受的阻尼力较小，要振荡很多次且振幅逐渐减小，最后才能达到平衡位置的情况，称为“欠阻尼”状态。

② 当 $\xi=1$ 时，阻尼的大小刚好使系统做无超调运动，即阻力使振荡物体刚好能没有超调而又能最快地回到平衡位置的情况，称为“临界阻尼”状态。

③ 当 $\xi>1$ 时，系统所受的阻尼力较大，阻尼使系统做无超调运动，即阻力使振荡物体不做周期性振荡且更慢回到平衡位置的情况，称为“过阻尼”状态。

三类高阶特性响应曲线如图 2-5 所示。实际生产过程中大部分被控对象都具有过阻尼特性，有时候也称这类过程为多容过程。临界阻尼特性和欠阻尼特性在生产过程中不常见。

过阻尼的高阶过程看起来很像一阶纯滞后过程。一阶和高阶过阻尼过程的区别是对阶跃变化的初始响应。与高阶过程相比，一阶过程在纯滞后时间过后对控制器阶跃变化具有更清晰的响应。一般来说，过程阶次越高，响应曲线越呈“S”形，对阶跃变化的初始响应越缓慢。图 2-6 显示了过阻尼二阶和三阶过程的响应曲线与一阶过程响应曲线的区别。

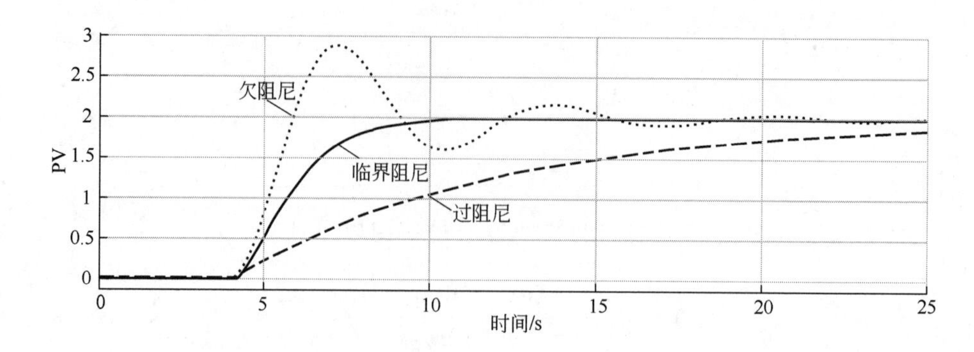

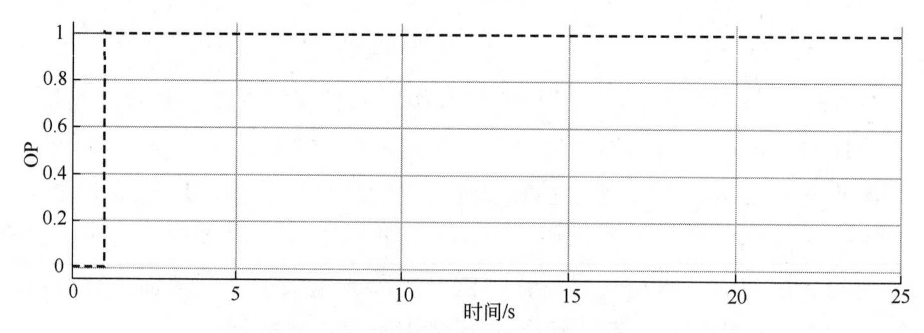

图 2-5　高阶纯滞后过程响应曲线

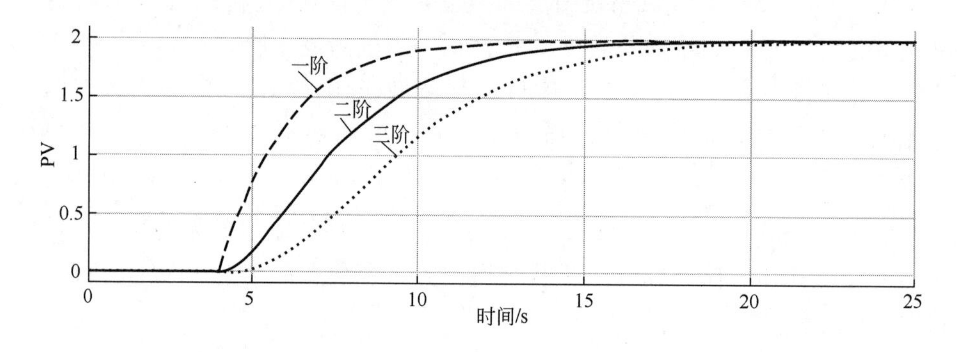

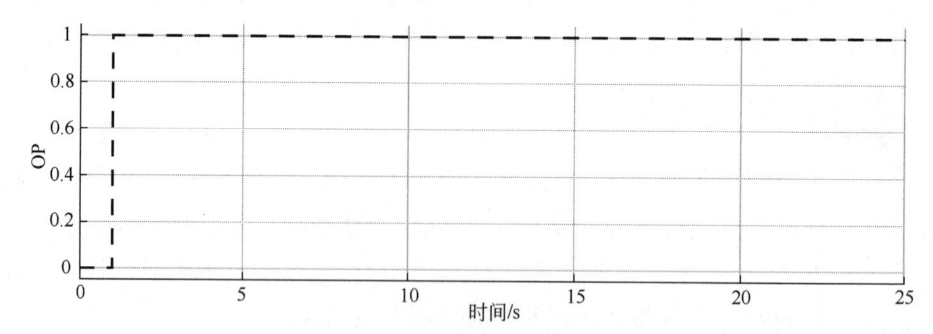

图 2-6　过阻尼高阶纯滞后过程响应曲线

2.4.4 过程作用与控制器作用

过程作用是过程变量如何随着控制器输出的变化而变化。过程作用可以是正过程作用，也可以是反过程作用。

过程作用由过程增益的符号来定义。具有正增益的过程被称为正作用过程。具有负增益的过程被称为反作用过程。

在热水系统中，我们将热水调节阀从其当前位置再打开 10%，如果温度增加 20℃，则过程增益为正增益，所以该过程为正作用过程。

相反，在一个冷却系统中，我们打开阀门 10%，如果温度减少 20℃，则过程增益为负增益，所以该过程为反作用过程。

过程作用很重要，因为它将决定控制器的作用。正作用过程需要反作用控制器；相反，反作用过程需要正作用控制器。

控制器必须是过程的镜像。如果把正作用控制器放在正作用过程的控制回路中，整个闭环系统就形成了正反馈，一定会失控。判断控制器正反作用，我们还可以用下面的方法：

当过程变量超过设定值，需要控制器减少控制器输出从而减少过程变量时，需要一个反作用控制器。相反，当过程变量超过设定值，需要控制器增加控制器输出从而减少过程变量时，则需要一个正作用控制器。

2.5 过程类型

实际过程绝大部分都可以分为两种类型：自衡过程和积分过程。不同类型过程需要不同的 PID 参数整定方法，其他更复杂的过程类型在实际生产过程中非常少见，本书没有更多涉及。

2.5.1 自衡过程

自衡过程的过程变量在输入发生变化时，无需外加任何控制作用，过程能够自发地趋于新的平衡状态。

控制器输出的阶跃变化响应，初始过程变量稳定的自衡过程将重新稳定在一个平衡位置，如图 2-7 所示。到目前为止我们讨论的所有过程都是自衡过程。

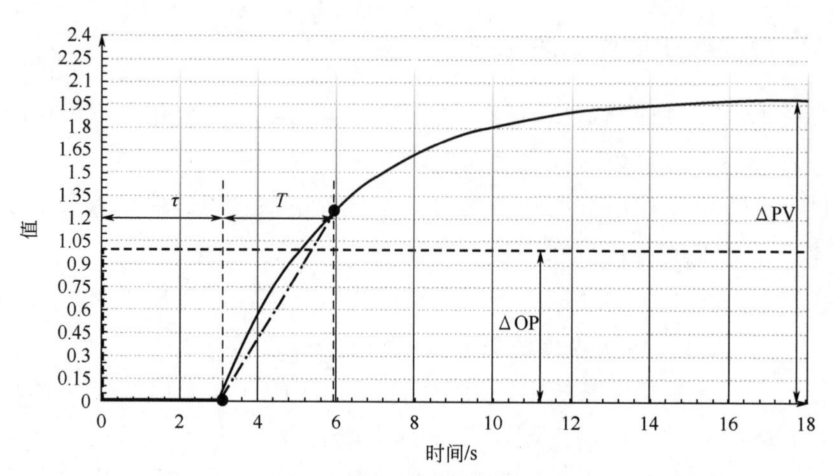

图 2-7 自衡过程阶跃响应曲线

2.5.2 积分过程

积分过程的过程变量在开环情况下仅在平衡点是稳定的，过程变量与过程输入对时间的积分成比例。

积分过程依赖于平衡过程输入和输出来保持稳定。对处于稳定积分过程的控制器输出进行阶跃变化，将导致过程变量向一个方向逐渐移动，直到物理限值。图 2-8 显示了积分过程的阶跃响应曲线。

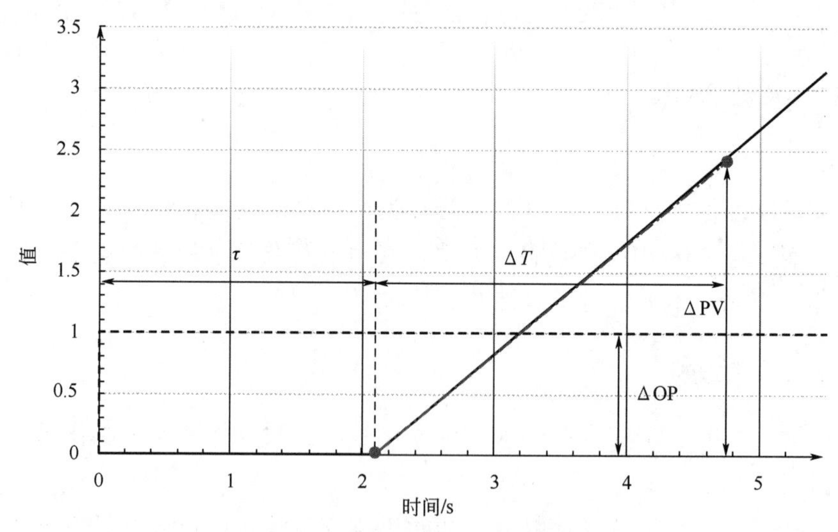

图 2-8 积分过程阶跃响应曲线

储罐液位是典型的积分过程。当流入储罐的物料量与流出储罐的物料量相匹配时，过程输入和输出处于平衡状态，储罐液位将保持恒定。如果我们做一个阶跃变化，增加进入储罐的物料流量，过程将失去平衡，储罐液位逐渐上升，直到物料溢出储罐。

积分过程如果处于手动工作模式，很容易受到外界的影响而在某个时刻失控。对生产过程中的任何积分过程，都应该设计控制方案以通过反馈实现过程稳定。

虽然积分过程的响应曲线与自衡过程的响应曲线显著不同，但积分过程仍然可以用和自衡过程纯滞后时间、时间常数和增益类似的参数进行表征。

（1）积分过程的纯滞后时间

积分过程的纯滞后时间可以与自衡过程同样的方式测量，纯滞后时间为控制器输出变化和过程变量开始变化之间的时间。

（2）积分过程的时间

积分过程的特性决定了不能从响应曲线中轻易确定时间常数，因为积分过程没有稳定的过程变量变化。同时 PID 参数整定方法研究表明：时间常数在积分过程的 PID 参数整定中并不那么重要。一个自衡过程的时间常数会提供一个很好的积分时间的参考值，而积分过程只能人为决定不会引起振荡的积分时间。在积分过程响应曲线中使用时间 ΔT 代替时间常数。

对积分对象我们使用过程变量按一定斜率稳定变化后的任一点来确定 ΔPV，从阶跃测试开始到该点的时间为 $\tau+\Delta T$ 的总时间，过程变量开始变化的时间到 ΔPV 的时间为时间 ΔT。

（3）积分过程的增益

ΔT 时间内的 ΔPV 与 ΔOP 的商作为积分过程的增益。这个增益和 ΔT 的比值是个固定值。

$$K=\frac{\Delta \mathrm{PV}}{\Delta \mathrm{OP}}=\frac{\mathrm{PV}_{终}-\mathrm{PV}_{始}}{\mathrm{OP}_{终}-\mathrm{OP}_{始}} \tag{2-14}$$

（4）积分过程表征参数计算

图 2-9 是积分过程对控制器输出 5%阶跃变化的响应曲线，控制器输出在 1s 时改变，直到 8s 过程变量才开始变化。这个过程的纯滞后时间 τ 是：

$$\tau=8-1=7\mathrm{s} \tag{2-15}$$

如图 2-9 所示，过程变量从第 8s 开始变化，从 8s 到 13s 过程变量从 0 到 50。积分过程的增益与自衡过程类似，但是因为响应曲线不同，我们现在规定：

$$\Delta T = 13 - 8 = 5\text{s} \tag{2-16}$$

$$\Delta \text{PV} = 50 - 0 = 50 \tag{2-17}$$

$$\Delta \text{OP} = 5 - 0 = 5 \tag{2-18}$$

$$K = \frac{50}{5} = 10 \tag{2-19}$$

不管如何选择 ΔT，计算的 $K/\Delta T$ 的值恒等于 2，这其实是单位阶跃输入变化引起的积分过程的过程变量稳态变化斜率，也称飞升速率。

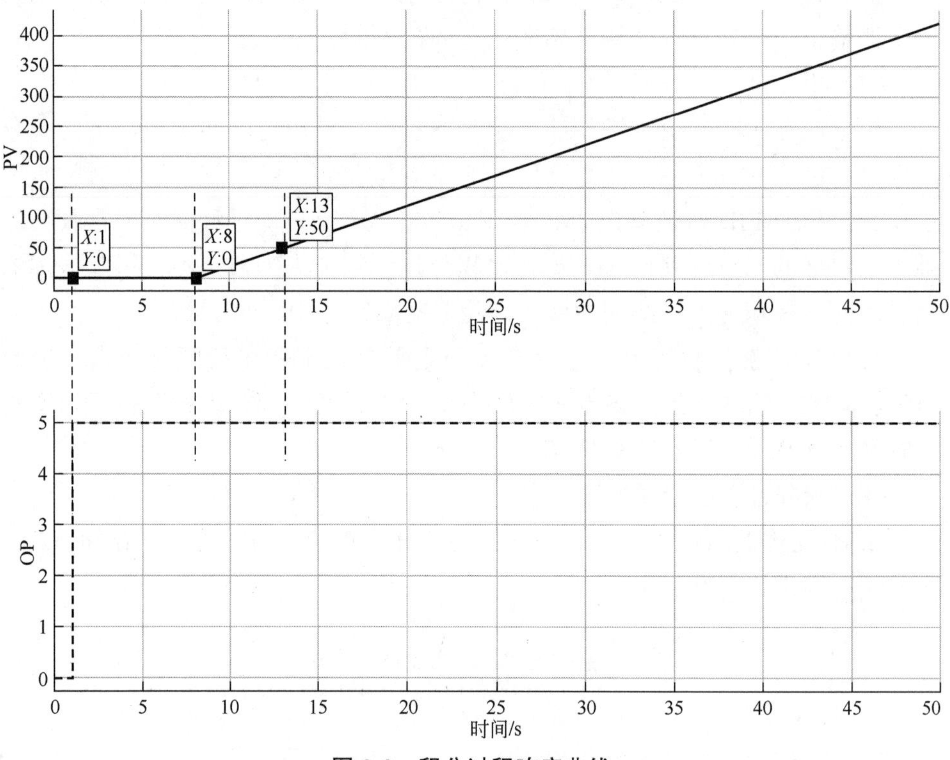

图 2-9　积分过程响应曲线

2.5.3　过程类型的闭环判断

如上所述，初始状态平衡，控制器输出变化后，过程变量能自己再次平衡的对象称为自衡对象；如果不能再次平衡，过程变量一直变化到物理限值的对象称为积分对象。

如果控制回路已经闭环，可以根据设定值阶跃变化时控制器输出的变化确定被控对象是自衡对象还是积分对象。如图 2-10 所示，设定值阶跃变化并稳定后，如果控制器输出和设定值阶跃变化前有明显变化就是自衡对象［图（a）］，如果控制器输出和设定值阶跃变化前变化不大就是积分对象［图（b）］。

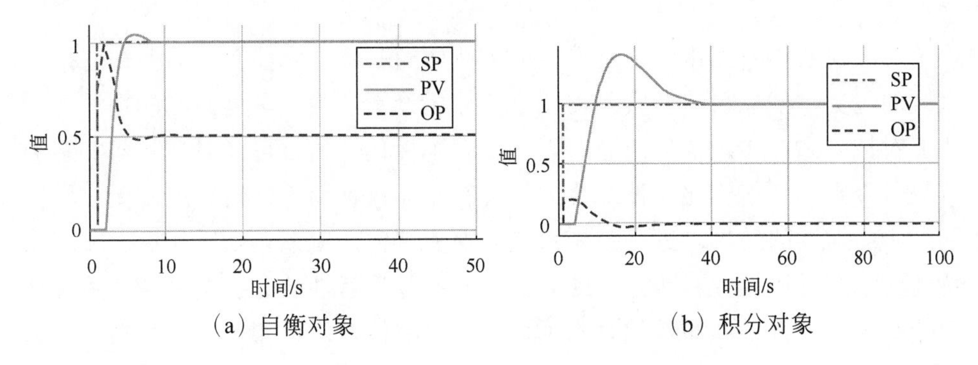

（a）自衡对象　　（b）积分对象

图 2-10　闭环识别自衡对象和积分对象

2.6　控制系统性能评估

控制系统要尽可能使过程变量与设定值保持一致（或随设定值一起变化），当过程变量受干扰影响偏离设定值时，控制作用通过操作操纵变量使过程变量回到设定值。

对控制系统性能的研究一般包括两类：稳态性能和动态性能。

稳态是指过程变量不随时间变化的平衡状态。如果控制系统是稳定的，当系统受到干扰作用后，经过足够长时间的控制，系统中各参数必然会到达一个“相对平衡”状态，即所谓的稳态。稳态是物料、能量、传热、传质、化学反应速度等平衡关系的最终体现。

动态是指过程变量随时间变化的不平衡状态。通常将系统受到设定值变化或干扰作用后，控制过程变量变化的全过程称为系统的动态过程。

工艺设计主要围绕系统稳态特性开展工作，自动控制是在稳态特性基础上研究其动态特性。工程上常从快、准、稳三个方面来评价控制系统。

快：指动态过程的快速性，即动态过程持续时间的长短。动态过程时间越短，说明系统快速性越好，反之说明系统响应迟钝。

准：指动态过程的最终精度。系统在动态过程结束后，过程变量与设定值的偏差称为余差。这一偏差是衡量稳态精度的指标，反映了系统后期稳态的性能。

稳：指动态过程的平稳性。系统在外力作用下，过程变量逐渐与设定值一致，则系统是稳定的，反之，过程变量逐渐偏离设定值，则系统是不稳定的。

对控制系统的优化实质上就是在这三者之间权衡，根据实际需求寻找最优结合点。

对控制系统的优化应该建立在量化评估的基础上，即首先需要知道控制系统的优劣，然后再结合实际需要进行分析诊断，确认具体问题的根源之后才能对控制系统实施优化改进。因此，有了量化评估才可能对症下药、有的放矢。否则，任何优化工作都会因为没有具体目标而无法进行或者无法取得满足实际需要的结果。进行控制系统的性能评估，应该包括系统稳态和动态特性（系统过渡过程）两方面的分析。系统稳态特性的分析主要是使用统计学的知识，计算各项参数的算术平均值、标准偏差、自相关系数等指标，综合判断系统的稳定性。系统动态特性分析主要针对系统面对扰动或需要过程变量变化时的各项指标，以判断目前的控制方案及控制参数是否能满足实际控制需求。在实际工作中，系统动态特性分析是控制系统优化的主要标准。

2.6.1 系统过渡过程评估

系统设定值阶跃变化响应是回路控制性能评估的主要依据。设定值阶跃变化时控制回路的典型过渡过程如图 2-11 所示。

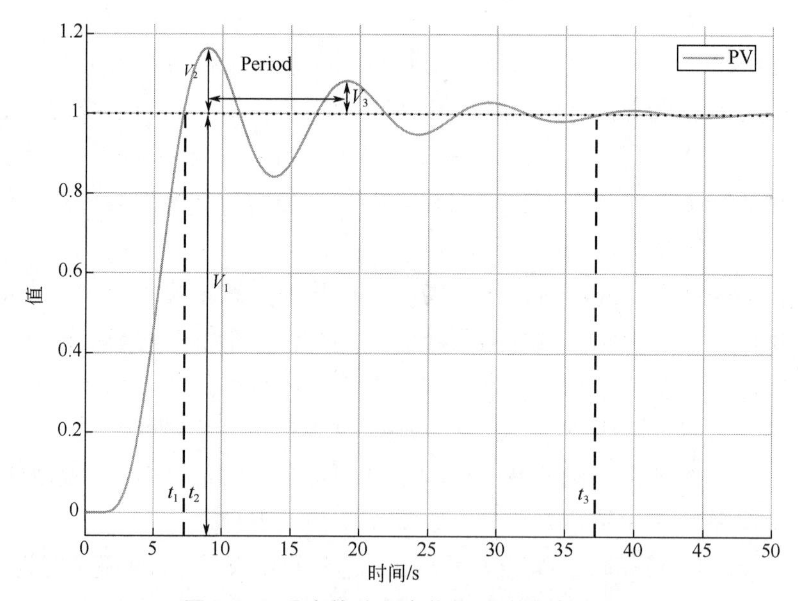

图 2-11　设定值阶跃变化作用的过渡过程

系统过渡过程的品质指标主要包括：

① 超调量 $\sigma = V_2/V_1 \times 100\%$：响应曲线超出稳态值的最大偏差 V_2 与新稳态值 V_1 之比。超调量 σ 用来表征过程变量偏离稳态值的程度，原则上越小越好。由于实际工艺过程一般不允许出现较明显的超调，因此在控制回路优化时，应尽量保证过程变量的设定值阶跃变化响应为适度超调或者过阻尼无超调。

② 衰减比 $n = V_3/V_2$：衰减比等于响应曲线超出稳态值的两个相邻的同向最大偏差 V_3、V_2 之比，为了保持有足够的稳定程度，衰减比一般取 1/10～1/4。按现在最新的观点，过渡过程整体速度要快，可以适当超调，但一般不允许出现振荡，这时由于没有第二个波峰也就没有所谓的衰减比。

③ 余差 $e(\infty) = |SP - V_1|$：设定值 SP 和过渡过程结束后新稳态值 V_1 的偏差的绝对值称为余差。设定值是生产的技术指标，所以过程变量越接近设定值越好，系统应做到没有余差。自动控制系统在正确使用积分作用后，余差一般均为 0。实际情况中，由于测量偏差及随机扰动的存在，过程变量可能存在小幅随机振荡。这种随机振荡不属于余差。

④ 上升时间 t_1：响应曲线从设定值阶跃变化开始到首次达到稳态值的时间。因为有些系统没有超调，理论上到达稳态值时间需要无穷大，因此，也将上升时间定义为响应曲线从稳态值的 10%上升到稳态值 90%所需的时间。

⑤ 峰值时间 t_2：系统单位阶跃响应曲线超过其稳态值而达到第一个峰值所需要的时间。如果系统没有超调，理论上的峰值时间也是无穷大，这种情况下的峰值时间没有意义。

⑥ 过渡时间 t_3：从设定值阶跃变化开始到过程变量进入新稳态值的±5%范围内且不再越出所经历的最短时间。如果过渡时间太长，则整体控制速度过慢，无法及时消除扰动对过程变量的影响；如果过渡时间过短，则可能由于控制作用过强而出现过程变量的振荡，这通常不是工艺操作的实际需求。不同系统的实际闭环过渡时间除了受到控制器参数的影响，还和被控过程的特性有关。过渡时间是可以反映系统响应速度和阻尼程度的综合指标。

⑦ 振荡周期 Period：响应曲线相邻两个波峰或波谷之间的时间。实际工作中应尽量避免系统出现振荡，因为存在振荡周期就意味着存在多个超调和振荡过程，而振荡是一般实际生产过程中不希望出现的。当系统出现振荡过程时往往说明控制作用太强、稳定性和鲁棒性均不足。

2.6.2 目视最优闭环响应

在进行控制系统动态特性分析之前，首先要知道什么是最优闭环响应。最优闭环响应意味着闭环稳定前提下的最强控制，闭环系统使用的 PID 参数是鲁棒性和快速性俱佳的最强参数，实际应用中控制作用可以减弱，不可以再增强了。如图 2-10 所示，闭环响应具有过程变量有超调无振荡的特性则基本接近最优。实际 PID 参数整定过程中也可以把这个目视最优闭环响应作为参考。积分对象使用比例积分控制时由于双积分作用，过程变量的超调不可避免。在所有有超调无振荡的过程变量中过渡时间最短的响应曲线就是所谓的最优闭环响应。

3

PID 控制器

PID

3.1 PID 控制器发展简史

PID 控制器在所有使用控制的领域都能找到，是集散控制系统（DCS）的重要组成部分。许多专用控制系统中也嵌入了 PID 控制器。PID 控制常常与逻辑控制、顺序控制、选择器和简单的功能块相结合，构成用于能源生产、输送和制造的复杂自动化系统。许多复杂的控制策略，如多变量模型预测控制，也被分层实施，PID 控制器在最底层使用，多变量控制器为较低层级的 PID 控制器提供设定值。因此，PID 控制器可以说是控制工程的基础。

国际自动控制联合会（IFAC）工业委员会曾经对工业技术影响力现状进行了调查，结果见表 3-1。在十几种控制方法中，PID 以百分之百好评（零差评）的绝对优势高居榜首。

表 3-1　IFAC 工业技术影响调查排序表

技术	高影响评级/%	低或无影响评级/%
PID 控制	100	0
模型预测控制	78	9
系统辨识	61	9
过程数据分析	61	17
软测量	52	22
故障诊断和辨识	50	18
分散和协调控制	48	30
智能控制	35	30
离散事件系统	23	32
非线性控制	22	35
自适应控制	17	43
鲁棒控制	13	43
混杂动态系统	13	43

其实 PID 控制器的结构非常简单，就是系统偏差的“比例-积分-微分”三项线性反馈结构之和。实际被控对象几乎都是非线性的，而且不确定性普遍存在于实际运行的系统之中，如此简单的线性结构的 PID 控制为什么能在实际中广泛应用于非线性不确定系统？PID 的理论基础是什么？再就是虽然 PID 只有三个参数，但至今 PID 参数整定方法已有一百多种、四百多个公式，

而且绝大部分都是工程经验公式，而工程界依然认为实际使用中的大部分 PID 控制回路并没有整定在好的工作状态，那么如何整定才能实现满意的闭环控制效果呢？

PID 控制器广泛应用于过程控制、飞行器、通信设备、汽车等行业。PID 控制器形式多种多样，如硬件温度控制器、可编程逻辑控制器和集散控制系统中的软件组件、机器人和光盘播放器中的内置控制器等。随着对安全、环境、效率和效益的关注，对装置过程控制水平的要求也越来越高。

即使发明了其他控制算法，PID 控制也一定会继续使用。如果使用得当，这是一种非常有效的反馈控制形式，通常可以获得令人满意的控制效果。PID 控制器还可以在更复杂的控制器中充当基础组件。实际上，大多数模型预测控制将计算结果传递给 PID 控制器的设定值。这些 PID 控制器的良好性能至关重要，模型预测控制的许多调试工作实际上包括底层 PID 控制回路的参数整定。

先进控制和智能制造是为了解决生产过程中更复杂的多变量约束控制问题。但是如果基础不牢，美好的理想就不能变成现实。因此，我们首先要把自动化的问题解决作为扎实推进知识自动化和智能化的基础工作，只有自下而上的解决方案才有生命力。

3.1.1 PID 与飞球式调速器

一般认为，最早的控制系统是公元前 300 年—公元前 1 年古希腊人和阿拉伯人发明的水钟中的浮球调节装置。中国古代则有刻漏计时器、水运浑天仪、指南车等。古代人运用聪明才智来解决生产和生活中的问题，这些工作只是模拟了人的操作方法，朴素地使用了反馈控制原理，和控制理论的发展没有必然联系。控制理论是随着工业革命的发展需求而发展起来的一门科学。

普遍认为最早应用于工业过程的控制器是詹姆斯·瓦特（1736—1819 年）1788 年应用于蒸汽机的飞球式调速器。图 3-1 展示了飞球式调速器的工作原理：假定发动机运行在平衡状态，两个重球在与中心轴成某一给定角度的锥面上围绕中心轴旋转，当蒸汽机负载增大时，它的速度减慢，两个重球下跌到更小的锥面上旋转，引起杠杆运动打开蒸汽室主阀（执行机构），从而增加进入的蒸汽量，以恢复至之前的速度。因此，球与中心轴的角度是用来控制输出速度的。

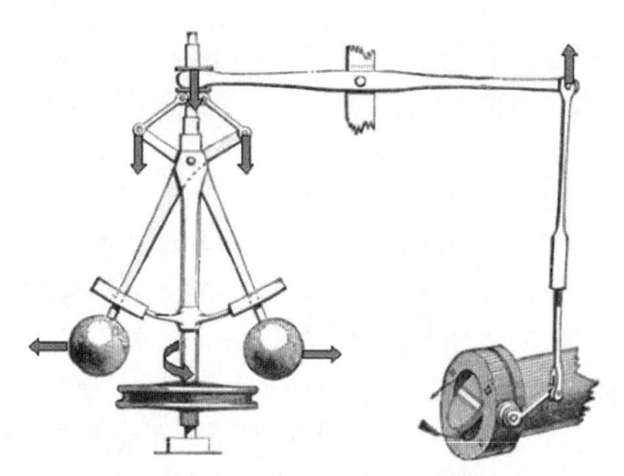

图 3-1　飞球式调速器示意图

飞球式调速器被认为是控制发展史上的一个里程碑，飞球式调速器并不是瓦特发明的。关于应用离心力控制速度，科学家惠更斯（1629—1695年）和胡克（1635—1703 年）都曾钻研过并设计了利用离心力控制速度的装置。

到 18 世纪，在蒸汽机出现之前，离心力式调速器已经在风车上被大量应用。风车技术人员开发了许多新装置，不过他们大多是工程师而不是科学家，因此留下的文献记录很少。瓦特对蒸汽机的改进始于 1763 年，当时他在格拉斯哥大学几位教授的帮助下，在大学里开设了一间小修理店。他修理了学校的一台纽科门蒸汽机，但当时蒸汽机的效率很低。此后，瓦特对蒸汽机进行了一系列重大改进：将冷凝器与汽缸分离，采用连续旋转运动的曲柄传动系统，发明了双向汽缸、平行运动连杆机构等。直到 1788 年，瓦特从其合伙人博尔顿处了解到已经在风车中广为应用的飞球式调速器，并意识到可以将它改进后用于蒸汽机的转速控制，以保证蒸汽机的平稳运行，于是发明了采用飞球式调速器的蒸汽机。

1790 年左右，佩里埃兄弟设计的调速器中引入了积分作用。他们使用一个液压装置，在装置中，流入容器的液体量和速度成比例关系，而且蒸汽阀由液位控制。1845 年，西门子兄弟通过差速齿轮引入了积分作用。西门子兄弟还基于惯性轮引入了微分作用。自此调速器成了蒸汽机不可分割的一部分，从 18 世纪末到今天，调速器也得到了发展。

蒸汽机的出现开辟了人类利用能源的新时代，使人类实现了机器大生产。到 1868 年，约有 75000 台飞球式调速器在英国使用。最初的飞球式调速器存在的主要问题是：只能在一个运行条件下实现精确控制，即只能在小负载变化中运行。用现在的话说，就是当负载变化较大时，控制存在余差。

3.1.2 从发明到创新

19 世纪后半叶至 20 世纪初，反馈控制器已经被大量应用。埃尔默·斯佩里（1860—1930 年）敏锐地注意到人进行控制调节时不是简单地采用开关控制，而是综合运用了预测、当过程变量接近设定值时撤出控制以及当存在持续偏差时进行小幅度调节、缓慢控制等方法。斯佩里 1911 年设计出了采用较为复杂的控制规律（PID 控制结合自动增益调整）的船用自动驾驶仪，这也被认为是最早发明的 PID 控制器。1922 年，米诺斯基（1885—1970 年）从理论上清晰地分析了船的自动驾驶问题，推导出了我们现在称为三项控制器的 PID 控制器形式。

自 18 世纪末以来，负反馈就被用于控制连续过程。瓦特使用飞球式调速器在发动机转速下降得过低时自动增加蒸汽，当发动机转速上升得过高时，自动减少蒸汽。这个简单的平衡行为仍然是今天反馈控制器的基本功能：测量过程变量，设定值减去过程变量就可以得到偏差；如果偏差为正，则控制器努力向上驱动过程变量，如果偏差为负，则控制器努力向下驱动过程变量，这样一直重复，直到偏差被消除。

控制器设计中棘手的是计算出控制器在每种情况下应该对过程产生多少控制作用。比例控制器只是简单地将偏差乘以一个常数来计算它的下一个输出，瓦特的飞球式调速器就是根据一个常数机械地做到这一点，这个常数是由设备的几何形状和一个可调节的固定螺钉的位置决定的。

瓦特所用的飞球控制转速，实际上是纯比例控制。调节杠杆的长度就是改变比例增益。比例作用比较容易理解，工业领域刚开始使用的控制器都只有比例作用。如 1907 年，美国塔利亚布制造公司在纽约的一台牛奶巴氏杀菌机上安装了第一台气动自动温度控制器。采用气动控制，测量单元用的是压差，通过不锈钢温度计的水银推动舵阀，舵阀控制空气压力作用到主阀上，主阀来调整对象的流量。该控制器从原理上讲也是纯比例控制。

遗憾的是，比例控制器往往会在将过程变量控制到接近设定值时停止工作。比例控制器将确定一个固定的输出，使过程始终存在一个非零的偏差。这就是我们常说的：“纯比例控制有余差。”

20 世纪 30 年代，控制工程师发现，通过将偏置自动重置到一个人为的值，可以完全消除稳态余差。这个想法是不断地改变比例控制器的偏置，这样当控制器停止工作时，实际偏差将为零。只要实际偏差处于非零，控制工程师就通过缓慢增加或减少人工偏置来减小实际偏差。

碰巧的是，这种自动重置操作在数学上等同于对偏差进行积分，并将其叠加到控制器的比例项输出上。结果就是一个比例积分控制器将持续产生一个不断变化的输出，直到偏差被消除。

遗憾的是，积分作用并不能保证完美的反馈控制。如果积分作用过于激进，比例积分控制器可能导致闭环不稳定，控制器会对一个偏差进行过度校正，并在相反的方向上产生一个新的更大的偏差。当这种情况发生时，控制器的运行结果是开始在某个最高点和某个最低点之间来回驱动控制器输出，这种现象被称为“振荡”。

有时可以通过微分作用来减少振荡。在一个完整的 PID 控制器中，微分项只有在偏差发生变化时才有作用。如果设定值是常数，则只有当过程变量开始远离或接近设定值时，偏差才会发生变化。如果控制器之前的动作导致过程变量过快接近设定值，微分作用将特别有帮助。由微分作用提供的阻尼效应降低了闭环控制系统出现超调和振荡的可能性。

遗憾的是，如果微分作用特别激进，它可能会急刹车，导致自振。这种效应在对控制器的作用有快速响应的过程中尤其明显，如无人机、机器人等。

设定值改变会导致偏差突然变化，微分作用会在控制器的输出中添加一个陡峭的峰值，这会使控制器立即开始采取纠正作用，而无需等待积分作用或比例作用生效。与比例积分控制器相比，一个完整的 PID 控制器甚至可以提前做出使过程变量维持在新设定值的控制作用。实际上，当泰勒仪表公司著名的富尔斯普控制器第一次引入这三个术语时，微分项被称为“预作用”。微分项模拟了通过对偏差的未来进行预测并预先采取控制作用的预控制作用。

使用修正的微分项消除了在设定值改变时微分作用引起的控制器输出尖峰。但是，如果设定值频繁进行阶跃变化，修正的微分项将产生偏差。

对于存在噪声的过程变量来说，微分作用也很容易出现问题。每当过程变量出现变化时，微分项将对控制器输出做出调节。即使实际的过程变量已经达到设定值，控制器也可能始终采取纠正作用。因此，许多控制工程师认为微分作用的麻烦多于它的价值。针对噪声，几乎所有的现代控制器都提供了滤波选项，以实现一个更加平滑的微分项输入。

到 20 世纪 30 年代中期，完整的 PID 控制器已经成为最先进的控制器，并一直占据主导地位。它适用于大多数过程控制应用，因为它相对容易实现，基本工作原理符合人类的操作方式，也很容易被理解。

在 20 世纪 30 年代后期，泰勒仪表公司和福克斯波罗公司都发明了包括微分作用的 PID 控制器。PID 控制器出现在他们的产品目录中标志着一个分水岭：曾经的特殊产品现在被作为标准产品提供。早期的发明意味着新观念的出现。从历史的角度来看，这标志着从发明时代到创新时代的转变。

PID 控制器的价值已经在一些应用难题中得到了证明。到 1940 年，两家领先的仪表公司开始出售气动控制器，但在其广泛应用于工业之前，仍有许多工作要做。首要问题是如何为控制器找到合适的参数，如果没有更简单的方法来找到最优参数，那么就不能给现场提供一个简单的整定方法，从而影响 PID 控制器的使用。

1942 年，在著名的论文《自动控制器的最优设置》中，泰勒仪表公司的齐格勒和尼克尔斯提出了开环和闭环两种情况下找到适当控制器参数的方法（ZN 整定方法）：响应曲线法和临界比例度法。ZN 整定方法是 PID 参数整定科学化的起点。齐格勒和尼克尔斯是公认的 PID 工程整定方法的开山鼻祖。这个方法是基于气动控制器和在麻省理工学院的美国唯一的一台模拟机，当时叫微分分析仪的大量实验而发展起来的。尼克尔斯后来留在麻省理工学院做了很多伺服系统的工作。尼克尔斯传奇的一生服务多家公司并为控制理论的发展做出了卓越贡献，为了纪念尼克尔斯，1996 年开始，国际自动控制联合会专门设立了一个尼克尔斯奖。

3.1.3 PID 控制器大事记

在这里附上由万斯在《PID：控制领域的常青树》中记录的 PID 控制器大事记。

1788 年：瓦特为蒸汽机配备飞球式调速器，这是第一种具有比例控制能力的机械反馈装置。

1933 年：泰勒仪表公司推出富尔斯普 56R 型控制器，这是第一种具有全可调比例控制能力的气动式控制器。

1934—1935 年：福克斯波罗公司推出 40 型气动式控制器，这是第一种比例积分控制器。

1940 年：泰勒仪表公司推出富尔斯普 100，这是第一种具有装在一个组件中的全 PID 控制能力的气动式控制器。

1942 年：泰勒仪表公司的齐格勒和尼克尔斯公布了著名的 ZN 整定方法。

第二次世界大战期间，气动式 PID 控制器用于稳定火控伺服系统，以及合成橡胶、高辛烷值航空燃料及第一颗原子弹所使用的铀 235 等材料的生产控制。

1951 年：斯瓦特劳特公司推出其奥托尼克产品系列，这是第一种基于真空管技术的电子控制器。

1959 年：贝利仪表公司推出首个全固态电子控制器。

1964 年：泰勒仪表公司展示第一个单回路数字式控制器。

1969 年：霍尼韦尔公司推出 VUTRONIK 过程控制器产品系列，这种产品具有微分先行功能。

1975 年：过程系统公司推出 P-200 型控制器，这是第一种基于微处理器的 PID 控制器。

1976 年：罗切斯特仪表系统公司推出 Media 控制器，这是第一种封装型数字式比例积分及 PID 控制器产品。

1980 年至今：各种其他控制器技术开始从大学及研究机构走向工业界，用于更为困难的控制问题中。其中最重要的是多变量模型预测控制，当然还包括人工智能、自适应控制、模糊控制、神经网络以及最新的强化学习控制等。

在这段时间，控制理论也经历了从基于频域分析的经典控制理论到基于状态空间的现代控制理论的发展历程。控制理论不是频域分析就是状态空间，可是过程工业现场的工程师还是使用理论上不怎么严格的 PID 控制算法。而且在 1980 年前后工业界进一步推出了被实践广泛证明、被工业界逐渐接受的模型预测控制算法。这种算法在理论界看来也不够严密。在过程工业中流行的技术大多源于实践而不是学术，它们在实践中的巨大成功慢慢引起了学术界的注意，学术界为它们的合理性提供了理论证明和改进，并帮助把它们推广到其他行业。在现代控制理论中，以卡尔曼为代表的一代控制理论大师建立了严密的现代控制理论体系，拓展了传统意义下控制研究的范畴，但对解决传统意义上的控制问题没有大的推动。传统意义上的控制依然是以 PID 为主的经典控制技术占主导，由于 PID 已经能满足过程工业的绝大部分控制要求，所以对经典的控制问题，工程师还是喜欢 PID 而不是现代控制理论或其他智能算法。

3.2 PID 参数影响分析

PID 控制器是目前过程工业中应用最广泛的一类控制器，因此，对 PID 控制器参数之间的相互作用和影响控制的基本理解非常重要。P、I、D 三个字母分别代表比例（proportional）作用、积分（integral）作用和微分（derivative）作用三类控制单元，是这三个英文单词的首字母。

所谓 P，即比例作用，考虑过程变量偏离设定值的当前偏差。当偏差变化时，控制器输出也会立即按比例变化。作为最基本的控制作用，瞬态反应快，比例增益变大会减小余差，但会使系统稳定性下降。在实际应用中，比例作用一般有两种表示方法：比例增益 K_C 或比例度（也称比例带）PB。本书中如无特别说明，所称比例作用都是指比例增益 K_C。

所谓 I，即积分作用，考虑过程变量偏离设定值的过去偏差的累积。积分作用是对偏差随时间的积分或连续求和，只要还有偏差，积分作用就按部就班地逐渐改变控制作用直到余差消失，所以积分的效果相对比较缓慢。一般使用 T_I（积分时间）来表示积分作用，在不同的控制系统中其时间单位会有不同，一般单位为秒（s）或分钟（min）。本书中所用积分时间单位是秒（s）。

所谓 D，即微分作用，考虑偏差在瞬间变化的速度。微分作用计算过程变量的变化率。无论动态事件是刚刚开始还是已经发生了一段时间，快速变化的偏差都会产生一个大的微分作用。微分作用是一种“预测”型的控制，它测出偏差的瞬时变化率，作为一个有效早期修正信号，在超调量出现前就会产生控制作用。如果系统的偏差变化缓慢或是常数，偏差的微分就很小或者为零，这时微分作用也很小或者为零。微分作用的特点是：尽管过程变量比设定值低，但其快速上扬的趋势需要及早加以抑制，否则等到过程变量超过设定值再做反应就晚了。但如果作为基本控制使用，微分作用只看趋势不看具体数值所在，最理想的情况是能够把实际值稳定下来，但无法保证稳定在设定值，所以微分作用不能单独使用。使用 T_D（微分时间）来表示微分作用，在不同的控制系统中其时间单位会有不同，一般单位为秒（s）或分钟（min）。本书中所用微分时间单位是秒（s）。

PID 控制是对一类控制形式的统称，包括比例作用、积分作用、微分作用的多种组合。式（3-1）是标准 PID 控制算法的微积分方程。

$$u(t)=K_C\left[e(t)+\frac{1}{T_I}\int_0^t e(x)\mathrm{d}x+T_D\frac{\mathrm{d}e(t)}{\mathrm{d}t}\right] \tag{3-1}$$

式中 $u(t)$——PID 控制器输出；

$e(t)$——PID 控制器输入，偏差 $e=SP-PV$；

K_C——PID 控制器的比例增益；

T_I——PID 控制器的积分时间，s；

$\int_0^t e(x)\mathrm{d}x$——偏差的积分；

T_D——PID 控制器的微分时间，s；

$\frac{\mathrm{d}e(t)}{\mathrm{d}t}$——偏差的微分。

这些参数的意义后面不再重复说明。下面简单分析一下各种控制方式。

3.2.1 比例控制

比例控制是一种最简单的控制方式，比例控制使控制器的输出与输入偏差成比例关系，简称比例控制器。其控制规律的方程为：

$$u(t)=K_C e(t)+u_b \tag{3-2}$$

式中，u_b 为偏置或重置。

当偏差 e 为零时，控制器输出的值为 $u(t)=u_b$。偏置 u_b 通常在控制器投用时进行初始化等于当前的控制器输出，避免偏差 e 为零时控制器输出归零。有时可以手动调整偏置，使余差为零。控制器输出与过程变量和设定值的偏差成比例。使用与对象特性匹配的控制器参数，可以使过程变量趋于稳定，达到平衡状态。

纯比例控制器偏置作为控制器设计的一部分在控制器投用时被赋初值，并且在控制器模式为自动时保持固定。这种偏置也被称为零值。控制器输出实际上是对偏置的增量。因此，当偏差为零时，并不意味着控制器没有输出，此时控制器输出等于控制器偏置。

比例控制作用的大小除了与偏差 e 有关外，主要取决于比例增益 K_C 的大小。K_C 越大，比例控制作用越强，系统响应速度越快，系统的超调也随之增加。对大多数系统来说，K_C 太大时，会引起自激振荡，闭环系统将趋于不稳定。如果考虑过程动态，通常高比例增益时闭环系统不稳定。在实际使用中，最优比例增益是由过程动态特性决定的，与过程变量和控制器输出的量程相关。

比例控制对系统的影响主要反映在系统的稳态偏差和稳定性上。

① 优点：控制及时，只要偏差一出现，就能即刻产生与之成比例的调节作用。比例控制结构最简单、应用最早，也是最重要的 PID 控制作用。

② 缺点：单纯采用比例控制，系统会存在稳态偏差。因为比例控制的输出正比于偏差值，比例增益越小，过渡过程越平稳，但余差越大；比例增益越大，余差越小，但过渡过程曲线振荡越剧烈，当比例增益过大时，甚至可能出现发散振荡的情况。因此，对于扰动较大、纯滞后时间也较大的系统，若采用单独的比例控制，难以同时兼顾动态和稳态的性能。

图 3-2 显示不同的比例增益对应的系统闭环阶跃响应曲线。可见：随着比例增益的增加，系统余差逐渐减小，但稳定性逐渐下降。响应曲线从过阻尼响应过渡到欠阻尼衰减振荡，甚至发散振荡。

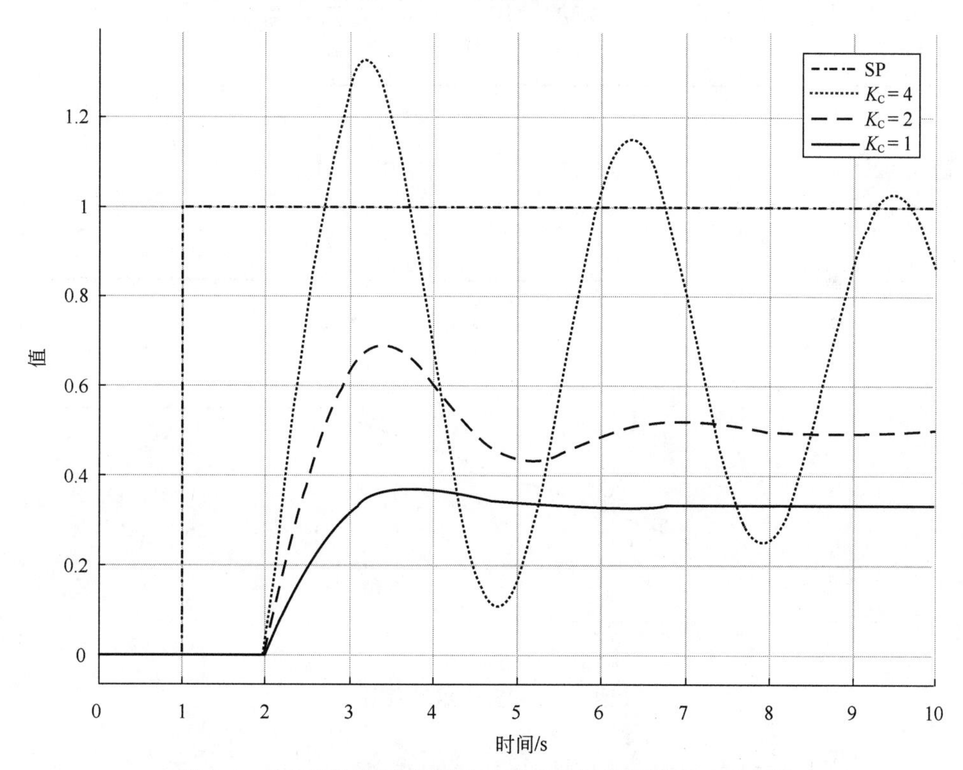

图 3-2 纯比例控制比例增益不同时的设定值阶跃响应曲线

注意：不同控制系统中比例的实际含义并不相同，有些使用 K_C（比例增益），而有些则使用 PB（比例度或比例带），二者之间是反比关系，即：$PB = 100 / K_C$。所以 K_C 和 PB 的作用相反，在实际操作中应多加注意，避免错误设置。

3.2.2 积分控制

积分控制的主要作用是确保过程变量在稳定状态下与设定值一致。比例控制在稳态下通常存在偏差，但在积分作用下无论偏差有多小，都会导致控制器输出的持续变化。具有积分作用的控制称为积分控制，即 I 控制，其控制微积分方程为：

$$u(t) = \frac{1}{T_I} \int_0^t e(x) \mathrm{d}x \tag{3-3}$$

如图 3-3 所示，积分作用相当于斜率发生器，如果控制器输入偏差不等于 0，控制器的输出将按照一定的速度一直朝一个方向累加下去。

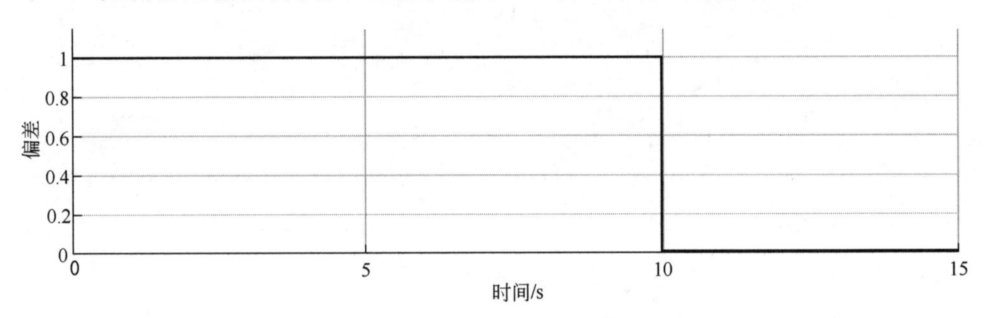

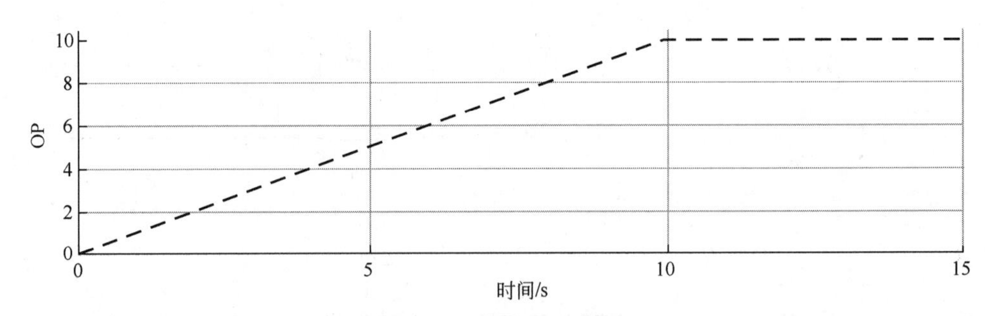

图 3-3 积分作用示意图

一个控制系统如果进入稳态后存在稳态偏差，则称这个控制系统是有差系统。为了消除稳态偏差，在控制器中必须引入积分作用。积分作用是对偏差的积分，积分时间越长，积分作用越弱，当积分时间 T_I 非常大时，积分的作用近似等于 0。反之，积分时间越短，积分作用越显著，消除稳态余差的速度越快，同时系统越容易振荡。

采用积分控制的主要目的就是使系统无稳态偏差，但是积分控制使系统稳定性变差。积分控制通常结合比例控制器构成比例积分控制器，以解决纯比例控制有余差的问题。

3.2.3 比例积分控制

比例积分控制在比例控制基础上增加了积分环节，其作用就是将纯比例作用和纯积分作用进行叠加。添加积分作用的基本目的：在系统经受扰动后，使过程变量返回设定值，即消除余差。

$$u(t)=K_{\mathrm{C}}\left[e(t)+\frac{1}{T_{\mathrm{I}}}\int_{0}^{t}e(x)\mathrm{d}x\right] \tag{3-4}$$

假设系统处于稳态，控制输出恒定（u_0）、偏差恒定（e_0）。控制输出为：

$$u_0=K_{\mathrm{C}}(e_0+\frac{e_0}{T_{\mathrm{I}}}t) \tag{3-5}$$

只要 $e_0\neq 0$，控制输出 u_0 就会随着时间的推移持续累积，这显然与控制输出 u_0 是常数的假设相矛盾。所以具有积分作用的控制器总是给出零稳态偏差。

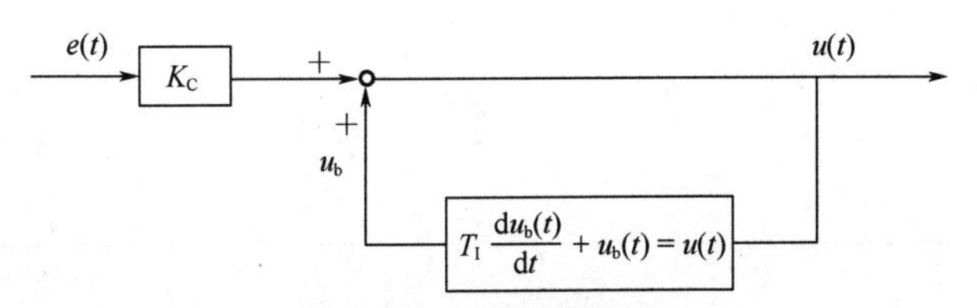

图 3-4　自动重置原理图

积分作用最开始是作为一个自动重置比例控制器的偏置项 u_b 的环节增加到比例控制器里的。图 3-4 展示了带有自动重置的比例控制器。自动重置是通过将控制器输出的一个滤波值作为自动设置的偏置反馈到控制器输出的求和点来完成的。这实际上是积分作用的早期发明，也被称为“自动重置”，因为它取代了比例控制器中用来获得正确稳态值的手动重置。神奇的是增加自动重置的比例控制器理论上正好等效于式（3-4）所示的比例积分控制。自动重置的微积分方程如式（3-6）所示：

$$T_{\mathrm{I}}\frac{\mathrm{d}u_{\mathrm{b}}(t)}{\mathrm{d}t}+u_{\mathrm{b}}(t)=u(t) \tag{3-6}$$

比例积分控制可以使系统在进入稳态后无稳态偏差，用来改善系统的稳态性能。但需要注意的是积分作用会恶化系统动态性能，降低系统稳定性。

在控制工程实践中，单纯增大比例增益的方法在减小余差的同时会使系统的超调量增大，破坏系统稳定性，而积分环节的引入可以与纯比例控制合作来消除上述副作用。现场绝大部分的控制回路都采用比例积分控制。如图 3-5 所示，纯比例控制有余差，在比例控制基础上增加积分环节可以消除余差，但如果积分作用太强则系统动态性能变差，容易振荡。

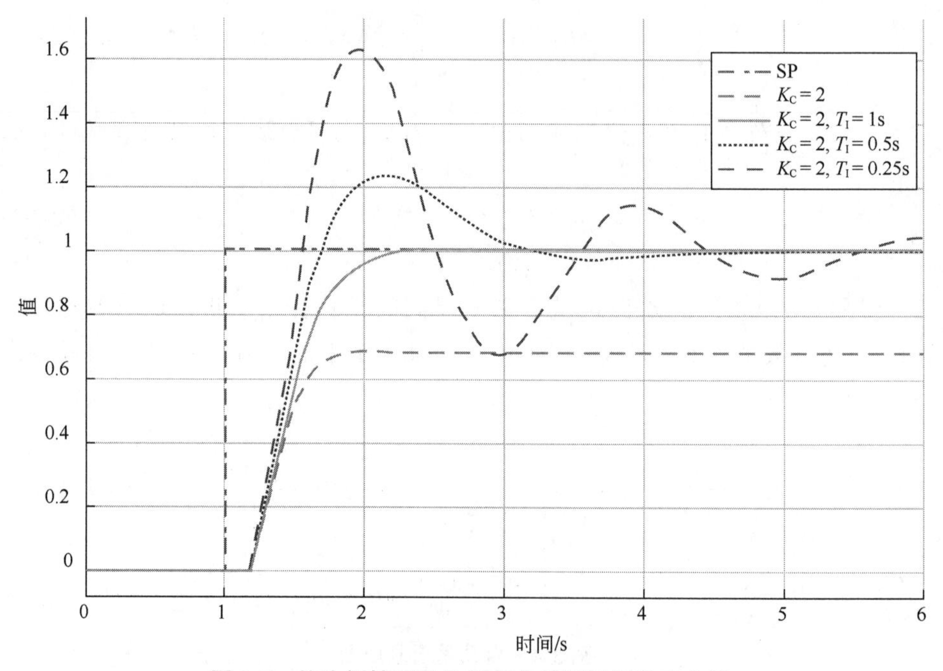

图 3-5　纯比例控制和比例积分控制阶跃响应曲线

3.2.4　微分控制

另一种改善比例控制性能的方法是利用未来偏差信息 $e(t+T_{\mathrm{D}})$ 代替当前偏差 $e(t)$ 提前调节比例控制动作。微分控制简称为 D，微分作用的目的是提高闭环的稳定性。微分作用机理可以直观地描述为：由于过程的动态性，控制器输出的变化要在过程变量中反映出来需要一段时间。因此，控制系统对偏差的校正将会滞后。如图 3-6 所示，具有比例和微分作用的控制器的动作可以解释为控制与预测的过程变量成正比，预测是通过偏差曲线的切线外推偏差来实现的。最终控制器输出调节方式与原始比例控制器相同。然而，比例控制可以基于这种修改后的配置预测未来的偏差提前实现。比例微分控制器的基本结构是：

$$u(t)=K_{\mathrm{C}}\left[e(t)+T_{\mathrm{D}}\frac{\mathrm{d}e(t)}{\mathrm{d}t}\right]\approx K_{\mathrm{C}}e(t+T_{\mathrm{D}}) \tag{3-7}$$

因此，控制输出与之后 T_{D} 时刻的偏差的预测成正比，其中的预测是通过线性趋势外推法获得的。

微分控制作用：过程变量的变化速率能反映当时的被控对象的输入量与输出量之间的不平衡状态，微分控制就是按照偏差的变化趋势进行控制。微分控制具有某种程度的预见性，属于超前校正。单独使用微分控制器实际上是不能工作的，只能构成比例微分（PD）、比例积分微分（PID）控制器来使用。

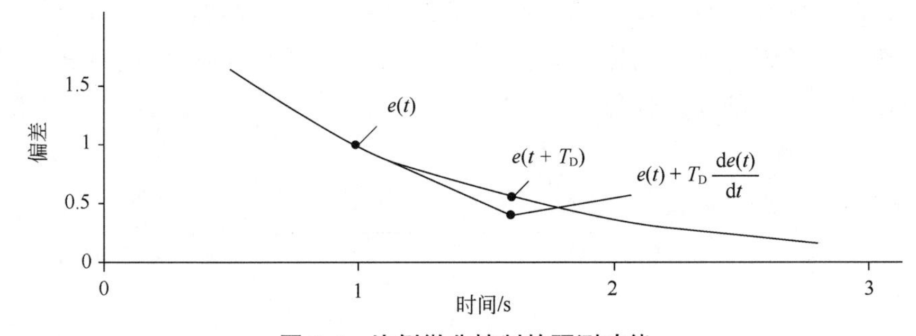

图 3-6　比例微分控制的预测功能

3.2.5 PID 控制

将比例、积分、微分三种控制作用线性组合在一起的控制器即称为比例积分微分（PID）控制器，理想形式 PID 控制的微积分方程见式（3-1）。

相比于比例积分控制，增加微分作用有利于加快系统的响应速度，使系统的超调量减小，稳定性增加，同时增大比例作用可以进一步加快系统的响应速度，使系统更快速。

如图 3-7 所示，PID 控制器代表了对偏差的历史、现在和未来的组合处理机制。在时间上，比例项取决于偏差的瞬时值，积分部分基于截止时间的偏差积分（阴影部分），微分通过观察偏差的变化率来估计偏差随时间的增长或衰减。

PID 控制器结合三种控制作用的不同特点，取长补短，因而控制效果更为理想。比例作用控制器输出响应快，只要选择好比例增益就会有利于系统的稳定。积分作用能够消除余差，但会增加超调量和延长过渡时间。微分作用可以减小超调量和缩短过渡时间，使用微分后闭环系统使用更强的比例增益也不会振荡。因此，将比例、积分、微分三种作用相互结合起来，根据对象的特性，恰当选择控制器参数，就会获得较好的控制效果。PID 参数的整定是一个综合的、各参数互相影响的过程，实际整定过程中使用科学的定量化整定方法非常重要。

对控制系统的要求可能有许多，如设定值响应，对测量噪声和过程变化的鲁棒性，以及抗扰能力。控制系统的设计还涉及过程动态、执行器饱和及干扰特性等方面。非常神奇的是一个简单的 PID 控制器可以工作得如此好，一般经验观察表明，只要对控制性能的要求不太高，大多数工业过程都可以用 PID 控制得很好。比例积分控制适用于所有自衡过程和积分过程，其动态本质上是一阶的。如果被控对象特性类似于一阶系统，或者虽然被控对象特性复杂，但是如果该过程的设计使其操作不需要严格控制，则比例积分控制是充分的。即使过程有高阶动态，它需要的是一个积分动作，以提供零稳态偏差和适当的瞬态响应的比例动作。具有二阶动态的过程如果使用 PID 控制则可以获得最优的闭环性能。

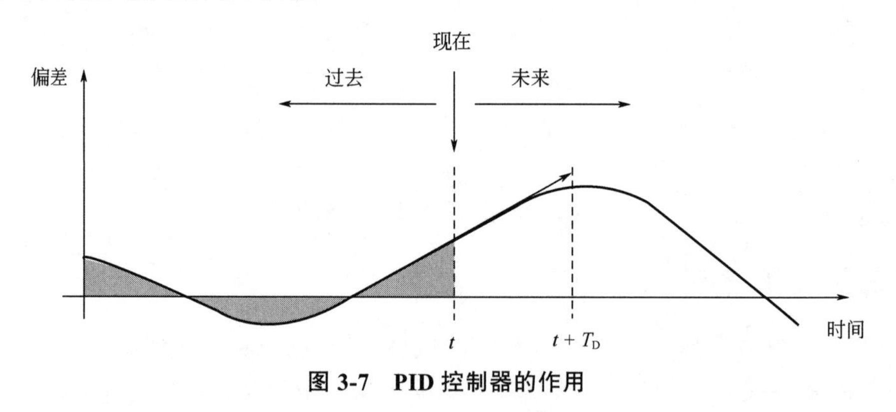

图 3-7　PID 控制器的作用

3.3　PID 算法改进

3.3.1　PID 的形式

本书中使用的 PID 形式又称为非交互式 PID 算法、ISA 形式、标准形式或理想形式。我们后面的分析都是基于这种形式的 PID 算法。标准形式的 PID 算法，和上面提到的 PID 算法一致［式（3-1）］。

$$u(t)=K_{\mathrm{C}}\left[e(t)+\frac{1}{T_{\mathrm{I}}}\int_{0}^{t}e(x)\mathrm{d}x+T_{\mathrm{D}}\frac{\mathrm{d}e(t)}{\mathrm{d}t}\right] \tag{3-1}$$

既然有图 3-8 所示的非交互式 PID，就有图 3-9 所示的交互式 PID，而且交互式 PID 出现得更早，是早期 PID 应用的主要形式。

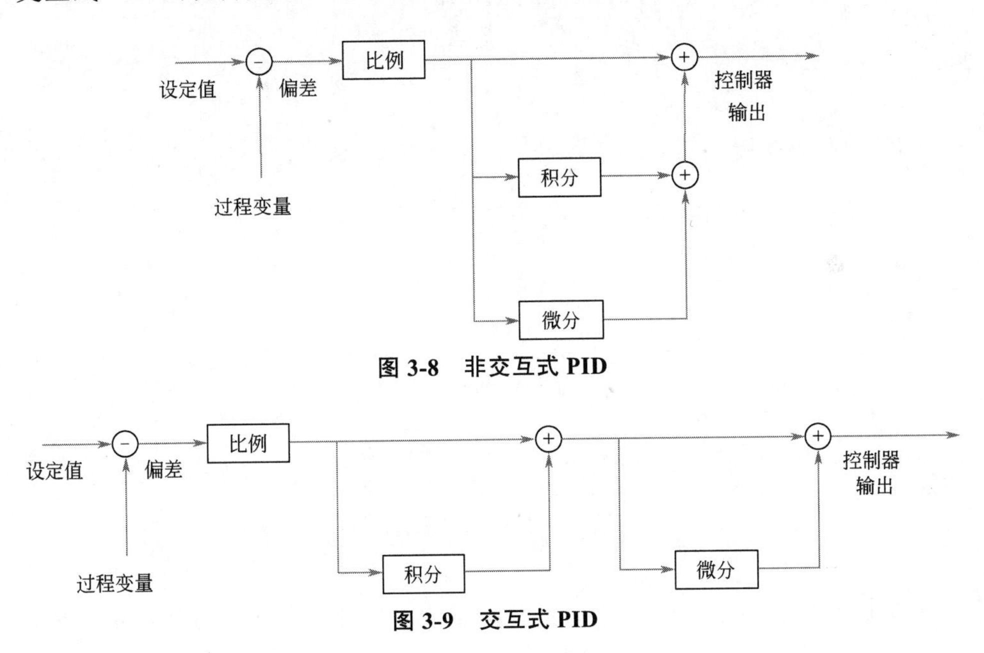

图 3-8　非交互式 PID

图 3-9　交互式 PID

最初的 PID 算法都是基于某些气动和机械设备设计的。比例控制是当时占主导地位的控制技术，PID 控制器经过模块化设计，使得积分作用和微分作用是控制器中独立的硬件模块，除了纯比例作用之外，使用积分作用和微分作用模块还要付出额外的成本。实现积分作用和微分作用的最简单方法是一种恰好对控制器增益具有交互作用的方法，这种形式也称为串联形式。换句话说，这种算法形式是为了简化控制器的物理设计而做出的一种折中。其微积分方程为：

$$u(t)=K_{\mathrm{C}}'\left[\left(1+\frac{T_{\mathrm{D}}'}{T_{\mathrm{I}}'}\right)e(t)+\frac{1}{T_{\mathrm{I}}'}\int_{0}^{t}e(x)\mathrm{d}x+T_{\mathrm{D}}'\frac{\mathrm{d}e(t)}{\mathrm{d}t}\right] \tag{3-8}$$

式中 K_C'——交互式 PID 控制器的比例增益；

T_I'——交互式 PID 控制器的积分时间；

T_D'——交互式 PID 控制器的微分时间。

交互式 PID 控制器总是可以表示为非交互式 PID 控制器，其系数为：

$$\begin{cases} K_C = K_C' \dfrac{T_I' + T_D'}{T_I'} \\ T_I = T_I' + T_D' \\ T_D = \dfrac{T_I' T_D'}{T_I' + T_D'} \end{cases} \tag{3-9}$$

交互式 PID 控制器，对应于非交互式 PID 控制器，当且仅当：

$$T_I \geqslant 4T_D \tag{3-10}$$

那么：

$$\begin{cases} K_C' = \dfrac{K_C}{2}\left(1 + \sqrt{1 - 4T_D / T_I}\right) \\ T_I' = \dfrac{T_I}{2}\left(1 + \sqrt{1 - 4T_D / T_I}\right) \\ T_D' = \dfrac{T_I}{2}\left(1 - \sqrt{1 - 4T_D / T_I}\right) \end{cases} \tag{3-11}$$

早期的气动控制器使用交互式 PID 更容易构建。遵循惯例是很多控制系统一直保留着交互式 PID 的原因。

不同的控制系统可能有不同形式的 PID。这意味着，如果控制回路中的控制器被另一种类型的控制器所取代，则可能需要重新计算控制器参数以保证闭环性能不变。PID 控制器只有同时使用积分作用和微分作用时，交互式和非交互式才不同。如果 PID 控制器只用作比例、比例积分或比例微分控制器，这两种形式等价。

PID 算法的另一种形式是并联式，其微积分方程为：

$$u(t) = K_C e(t) + K_I \int_0^t e(x)\,\mathrm{d}x + K_D \frac{\mathrm{d}e(t)}{\mathrm{d}t} \tag{3-12}$$

式中 K_C——并联式 PID 控制器的比例增益；

K_I——并联式 PID 控制器的积分增益；

K_D——并联式 PID 控制器的微分增益。

并联式 PID 等价于标准形式 PID，但参数值有很大的不同。这可能会给没有意识到差异的人带来麻烦，特别是参数 K_I 被称为积分时间、参数 K_D 被称为微分时间时。因为参数是独立出现的，所以并联式 PID 所给出的形式在解析计算中是有益的。这种表示法还有一个优点，就是可以通过参数设置获得纯比例、纯积分或纯微分作用。

图 3-10 所示并联式 PID 参数与标准形式 PID 参数的关系是：

$$\begin{cases} K_C = K_C \\ K_I = \dfrac{K_C}{T_I} \\ K_D = K_C T_D \end{cases} \tag{3-13}$$

综上所述，实际应用中有三种不同形式的 PID 控制器：①标准式或非交互式；②串联或交互式；③并联式。

标准式有时被称为 ISA 形式或理想形式。比例作用、积分作用和微分作用在时域中是互不影响的。并联式是最一般的形式，因为纯比例或纯积分作用可以用参数设置得到，是最灵活的形式。然而，它也是一种参数几乎没有物理解释的形式。

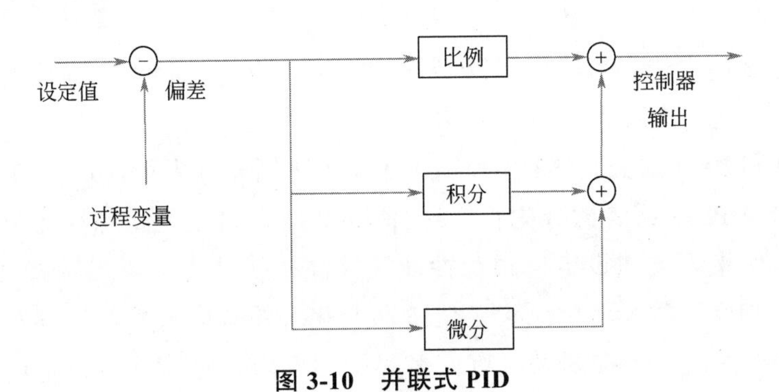

图 3-10　并联式 PID

3.3.2　两自由度 PID

PID 控制系统的特点是形成一个偏差，即设定值和过程变量之间的差值，控制器通过对偏差处理产生控制器输出，然后将控制器输出作用到过程中。因为控制器是基于偏差运算的，所以这样的系统被称为“偏差反馈系统”。实践经验和科学分析都表明抗扰最强的 PID 参数，设定值阶跃变化时闭环控制系统会振荡，通过将设定值和过程变量分开处理，可以得到一种更灵活的结构来解决这个问题。式（3-14）给出了 PID 控制器的改进形式——两自由度 PID 控制器。

$$u(t)=K_{\mathrm{C}}\left[e_{\mathrm{p}}+\frac{1}{T_{\mathrm{I}}}\int_{0}^{t}e(x)\mathrm{d}x+T_{\mathrm{D}}\frac{\mathrm{d}e_{\mathrm{d}}}{\mathrm{d}t}\right] \quad (3\text{-}14)$$

比例部分的偏差：

$$e_{\mathrm{p}}=b\times \mathrm{SP}-\mathrm{PV} \quad (3\text{-}15)$$

式中，e_{p} 为比例部分偏差；b 为比例作用设定值加权系数。

微分部分的偏差：

$$e_{\mathrm{d}}=c\times \mathrm{SP}-\mathrm{PV} \quad (3\text{-}16)$$

式中，e_{d} 为微分部分偏差；c 为微分作用设定值加权系数。

积分部分中的偏差必须是真正的偏差：$e=\mathrm{SP}-\mathrm{PV}$。

为了避免稳态偏差，不同的 b 和 c 值所得到的控制作用将以相同的方式响应负载扰动和测量噪声。然而，对设定值阶跃变化的响应将取决于 b 和 c 的值。$b=0$ 和 $c=0$ 时，只在积分项中引入设定值信息，对设定值阶跃变化的响应最平缓。

参数 c 通常选择为零，以避免微分作用于设定值时，控制输出由于设定值的阶跃变化而出现大的瞬时变化。

$b=0$ 和 $c=0$ 的控制器被称为 I-PD 或者比例微分先行，$b=1$ 和 $c=0$ 的控制器被称为 PI-D 或者微分先行。选择 $b=0$ 时，设定值跟踪性能可能不能满足要求。如果既关注设定值跟踪性能又关注抗扰能力，可以选择 $0\leqslant b\leqslant 1$ 和较强的 PID 参数，考虑到设定值阶跃变化时的响应特性，推荐 $b=0.5$。

一般来说，一个控制系统有许多不同的要求。它应该对设定值的变化有良好的瞬态响应，并且能够克服负载扰动和测量噪声，而且控制器输出不能过度动作。对于只有偏差反馈的系统，尝试用相同的机制来满足所有的要求，这样的系统称为单自由度系统。两自由度 PID 通过为设定值和过程变量设置不同的信号路径，有更大的灵活性来满足控制要求。微分作用加权系数 c 往往选择为 0 即可。比例作用加权系数 b 则需要根据 PID 参数和设定值跟踪的要求综合评判。如果 PID 参数整定得非常弱又想改进设定值跟踪能力，b 也可能大于 1，这种选择要非常谨慎。

3.3.3 不完全微分

如果存在高频测量噪声，理想微分作用会使控制器输出高频大幅振荡。因此微分项的高频增益应受到限制，以避免这个问题。这可以通过如下方式修正微分作用来实现：

$$\frac{T_D}{N}\times\frac{dD}{dt}+D=K_C T_D\frac{de}{dt} \tag{3-17}$$

式中，D 为微分作用；N 为微分增益。

这种修正可以解释为理想微分被一个时间常数为 T_D/N 的一阶系统滤波，这个近似作为低频信号分量的微分。而增益最大限制为 $K_C N$，这意味着高频测量噪声最多被放大 $K_C N$ 倍，N 的典型值为 8～20。

实际工业 PID 控制器中大多使用不完全微分，不完全微分的微分时间的影响和理想微分形式的微分作用显著不同。引入不完全微分后，微分输出在第一个采样周期的脉冲高度下降，然后按一阶过程逐渐衰减。所以不完全微分有效地克服了理想微分形式的缺点，具有更好的实用特性。微分作用最初被称为“预作用”实际上就是不完全微分。理想微分不完全化可以理解为理论到实践的具体可行实现，不完全微分的理想化处理可以理解为从实践到理论的抽象。理论和实际的差别增加了微分作用整定的难度。

3.3.4 积分饱和

所谓积分饱和现象，是指若系统存在一个方向的偏差，PID 控制器的输出由于积分作用的不断累加而加大，从而导致最终控制元件达到极限位置。此后若控制器输出继续增大，最终控制元件也不会再增大，即系统输出超出正常运行范围而进入了饱和区。一旦出现反向偏差，最终控制元件逐渐从饱和区退出。进入饱和区越深，则退出饱和时间越长。此段时间内，最终控制元件仍停留在极限位置而不能随着偏差反向立即做出相应的改变，这时系统就像失去控制一样，造成控制性能恶化。这种现象称为积分饱和现象。

模拟 PID 控制器制造商发明了一些技巧来避免积分饱和。这些技巧通常被视为商业机密，很少被提及。在数字 PID 控制器时代，当控制器算法的输出超过范围时可以只取边界值，如果采用增量型或速度型算法，每次计算出应调整的增量值，当控制作用量将超过额定高低限值时，则保持在高限值或低限值，这样当偏差减小或改变方向时，控制器输出就能更快脱离高限值或低限值。所以增量形式的 PID 算法基本上不会出现积分饱和现象。

3.3.5 变比例增益 PID

在先进控制里有个非常重要的范围控制的概念。简单说就是过程变量在范围高低限以外时首先把过程变量控制到范围内，等过程变量回到范围内后，如果没有优化要求则操纵变量停止控制作用，如果过程变量还有一个最优的目标，则可以缓慢的速度（例如六分之一的控制速度）进行优化。优化的方向有时候和控制的方向相反，使用更慢的优化速度可以确保优先进行控制。在 PID 控制回路中使用变比例增益 PID 来实现。

$$K_{gap}=\begin{cases}K_C & PV>\text{高限}\\ c_{gap}\times K_C & \text{低限}\leqslant PV\leqslant\text{高限}\\ K_C & PV<\text{低限}\end{cases} \tag{3-18}$$

式中，K_{gap} 为控制器最终增益；c_{gap} 为变增益系数。

当 $c_{gap}=0$ 时，过程变量进入范围后操纵变量停止控制，此时也称为死区 PID。当 $c_{gap}=1/6$ 时，过程变量进入范围后以 1/6 的控制速度向设定值优化。这个设定值可以固定不变，也可以来自其他控制回路。变增益 PID 有效地提高了控制性能，降低了范围内的优化速度。

4

Lambda 整定方法

4.1 PID 参数整定

PID 参数整定是指根据所用 PID 算法、过程开环动态和所需闭环性能确定 PID 参数的工作过程。高效地找到理想的比例增益、积分时间和微分时间就是我们所说的最优 PID 参数整定，最优性能的 PID 参数事实上是一个区域而不是一个点。

在 PID 参数整定中，过程动态特性是关键。只有在掌握正确的过程动态特性后，才能执行最优 PID 参数整定。尽管大部分过程都具有非线性，不能用简单的模型来准确描述，但是由于 PID 是线性控制器，而且只有三个参数，所以很多 PID 参数整定方法将过程简化为非常简单但是有效的一阶纯滞后模型。使用一阶纯滞后模型描述过程的主要动态特性并用于优化 PID 参数，在负反馈控制框架下就能实现过程的有效控制。

最后，不应该忘记被控过程的工艺要求。当设定值跟踪是关键时，将其作为最优性能的标准。当干扰抑制是关键时，就要重点关注这一点。当设定值跟踪和干扰抑制都是工艺要求时，尝试使用前馈或两自由度 PID 控制器。如果超调会引起产品质量降低，则控制器整定的时候就要尽量避免超调。也可能由于和其他控制回路耦合，只能整定得相对慢一些。换句话说，PID 参数整定意味着控制回路有一个特定的控制目标，通过使用正确的比例增益、积分时间和微分时间实现该控制目标。

为了获得所需的闭环控制性能，PID 参数整定是必要的。首先，过程可以闭环稳定运行是整定的最低要求。其次，通过 PID 参数整定来减少控制设备的振荡，这有助于减少报警频次和降低操作干预。最后，优化 PID 参数和控制方案可以通过知识自动化实现装置的零手动操作和智能化，提高工厂安全性、效率、效益和装置稳定性，降低综合消耗，过程报警和操作员干预的频次可以降到更低。

控制回路 PID 参数整定方法非常多，最有名的是泰勒仪表公司的齐格勒和尼克尔斯在 1942 年发布的 ZN 整定方法。ZN 整定方法开创了规范化 PID 参数工程整定的先河，开启了 PID 参数整定科学化的历程。很多书籍中也主要介绍这种 PID 参数整定方法，但是实际上这种 PID 参数整定方法存在很多问题。所以不推荐直接使用 ZN 整定方法进行现场实际 PID 参数整定。

ZN 整定方法存在的问题包括：

① ZN 整定方法是为具有交互式 PID 算法的控制器设计的。如果不使用微分（纯比例或比例积分控制），则整定结果也直接适用于非交互式 PID 算法。但是，如果使用微分（PID 控制）并且控制器算法是非交互式或并联式 PID 算法，则应使用 3.3 节中的公式，对计算出的 PID 参数进行转换以使其适用于非交互式或并联式 PID 算法。

② ZN 整定方法只提供最强的抗扰特性，设定值阶跃变化时会表现为 1/4 衰减振荡，所以设定值阶跃变化时过程变量会超过设定值并在其附近振荡几次。这种整定方法不能满足多样化的控制要求，例如不适用于设定值阶跃变化不允许超调的过程，也没有考虑控制回路之间的相关影响。不能根据需要灵活设置的固定整定计算公式是很多整定方法的局限。

③ 对于大纯滞后被控对象，由于积分作用太弱，控制回路的响应速度和抑制干扰能力都不理想。ZN 整定方法有一定的适用范围，但 ZN 整定方法不适用于大纯滞后被控对象，导致工业界普遍片面认为：大纯滞后被控对象很难控制。

④ 鲁棒性不高，严重依赖于模型的准确性，当模型与实际过程有失配时控制性能可能变得非常差。正常模型最强抗扰时的 PID 参数对模型失配非常敏感，模型失配会造成闭环系统发散。

⑤ 临界比例度法要求控制系统首先使用纯比例控制使闭环系统等幅振荡，这个整定过程现场往往不能接受。当被控对象没有纯滞后或者纯滞后很小时，即使比例作用非常强，闭环系统也很难等幅振荡。

⑥ 对这种整定方法的过度相信和不适用情况下的应用可能导致整定效果不理想。实际工作中直接使用 ZN 整定方法进行 PID 参数整定，很容易导致需要频繁整定、闭环性能不能满足控制要求的问题。

ZN 整定方法提出一条基于工业实践的控制系统研究途径，启发了很多工程师、学者从工程实践的角度去研究控制理论和 PID 参数整定方法。过程的复杂性、ZN 整定方法研究问题的思路和其存在的问题引起了工业界的重视，这三点是 PID 参数整定方法多达一百多种的主要原因。这么多方法都能有效是负反馈和 PID 的功劳。传统整定方法关注克服不可测阶跃扰动时的偏差峰值和偏差累积，这种积极但鲁棒性不足的整定方法不适合处理实际问题或实现其他控制目标，整定结果存在比例增益大、积分时间短的问题，不可避免地在系统中引起振荡，难以使系统达到整体性能最优的控制目标，不适合大多数化工应用。最新的整定方法关注的是增加鲁棒性、最小化非线性、耦合和振荡影响，并满足其他过程目标，例如最大化吸收干扰的缓冲罐液位控制、比值控制的回路协调和串级控制中副控制回路的设定值响应等。

4.2 整定的目标

虽然这个问题可能看起来很简单但是非常关键，因为控制目标决定整定方法。这个问题的答案很容易想到的是将过程变量保持在其设定值，然而还有许多其他的事情要考虑。在《实用过程控制》一书中作者认为，理想情况下，适当整定的控制回路将：

① 使过程在安全约束下运行；

② 运营效益最大化；

③ 消除稳态余差；

④ 在正常工作范围内保持稳定；

⑤ 避免过度的控制动作（不要过多使用最终控制元件）；

⑥ 系统鲁棒，即对过程条件的变化和过程模型的变化不敏感。

如何实现这些目标将决定 PID 参数整定方法并影响最终整定效果。

（1）使过程在安全约束下运行

使过程在各种干扰和工况情况下安全运行是控制系统设计和 PID 参数整定要考虑的重要内容。确保过程安全运行需要设计必要的控制方案并使用适当的 PID 参数，有时候还需要考虑控制器输出的安全限制。如果要控制的泵的速度不能低于 20%的额定转速，可在控制器上设置 20%的输出低限，防止泵电机过热。如果是控制温度，使用高温报警将最终控制元件置于防止过热的安全位置。

（2）运营效益最大化

这实际上意味着花时间整定那些真正重要的回路，如反应器温度控制，对保持产品质量至关重要，但饮用热水的温度控制则不是。有时候一个装置自控率很高，但是由于关键控制回路不能自动，装置的安全、效益和效率都还有很大的改进空间。操作员干预和工艺过程报警蕴含着控制方案改进的机会。

（3）消除稳态余差

闭环控制系统如果存在稳态余差，则说明控制系统没有完成操作员的控制要求。如果过程变量是反应温度，稳态余差可能是致命的。有时候操作员需要多次干预才能让过程变量达到设定值。所以比例积分控制成为过程控制的首选 PID 算法。因为即使是串级副回路有余差，考虑到副回路也有单独自动运行的时候，所以不推荐使用纯比例控制。基于同样的原因，积分被控对象也推荐使用比例积分控制。

（4）在正常工作范围内保持稳定

对于过程干扰和设定值阶跃变化，控制回路提供了偏差校正。大多数过程都是非线性的，过程变量的控制要求将决定 PID 控制器参数。一个需要抑制强干扰的过程比一个需要在设定值附近运行的过程在参数整定上更困难。为了稳定（鲁棒性）只能牺牲控制性能，因为必须在工作范围内最差工况时实现稳定控制，所以在较好工况时响应会比较缓慢。在许多情况下，整定是性能和稳定的折中，如果追求极致的鲁棒性和快速性可能需要引入非线性方法。虽然有的集散控制系统提供了非线性的 PID 算法改进，但一般过程控制问题并不需要这些非线性改进，只是通过 PID 参数整定就能解决。

（5）避免过度的控制动作（不要过多使用最终控制元件）

一些整定方法的控制目标是 1/4 衰减振荡响应，这意味着调节阀将在闭环控制系统稳定之前反转几次方向。调节阀的每次反转都会导致元件的磨损。当调节阀有死区时，实际上还会增加闭环控制系统的过渡时间。无论什么原因，任何时候闭环控制系统的等幅振荡都不被接受。

最优整定可以通过有超调无振荡的响应来实现。还要注意微分作用，因为它会放大过程变量中的噪声并作用到控制器输出，导致控制器过度动作。微分作用会增加 PID 参数整定的复杂性，容易让控制器输出过度动作，而且往往还取得不了太大的控制性能改进，所以要谨慎使用。

（6）控制系统鲁棒性

要选择合理的 PID 参数，这样当被控对象特性大幅度变化时，控制器仍能稳定控制。使用科学整定方法可以提高控制系统的鲁棒性，减少模型失配对控制回路的影响。

4.3 自衡对象特性参数对 PID 参数的影响

分析被控对象特性参数对 PID 参数的影响，有助于得到科学的 PID 参数整定方法。没有一个真正的实际生产过程可以用一阶纯滞后模型精确地描述其动态行为，然而，当控制器输出发生变化时，一阶纯滞后模型可以合理地描述过程变量的响应方向、大小、速度和纯滞后等主要动态特性，因此，这个简单的一阶纯滞后模型提供了控制器整定所需的基本信息。另外，由于 PID 控制器是一个只有三个可调参数的线性控制算法，所以更多的过程特性参数也没有意义。

自衡对象大部分都可以用一阶纯滞后模型近似描述。根据前面章节已经知道一阶纯滞后过程可以完全由三个特性参数表征：纯滞后时间 τ、时间常数 T 和增益 K。

使用基准模型测试方法建立模型特性参数对控制性能影响的知识。首先分析基准自衡对象特性参数对纯比例控制的影响。一阶纯滞后被控对象的基准模型为：

稳态系数，增益 $K=2$

动态系数，时间常数 $T=3\text{s}$

时间滞后，纯滞后时间 $\tau=3\text{s}$

4.3.1 纯滞后时间对控制性能的影响

被控对象的纯滞后时间对控制系统的控制性能影响很大，它使系统的稳定性降低，动态特性变差。纯滞后时间被称为“控制杀手”。我们使用纯比例控制器对纯滞后时间为 0s，其他参数不变的基准自衡对象进行闭环阶跃测试，设定值阶跃响应如图 4-1 所示。纯滞后时间为 0s 的一阶被控对象，使用纯比例控制时，无论比例增益 K_C 多大都可以保证闭环系统的稳定，响应曲线始终都没有超调，更不会振荡。有传言认为系统总增益 $K_CK>1$，闭环系统就会振荡。通过这个例子可以发现，在没有纯滞后时间的情况下，即使系统总增益 $K_CK=20$，设定值阶跃响应还是没有超调，更不要说振荡了。$K_CK>1$ 闭环系统会振荡的说法不准确。

基准自衡对象采用纯比例控制时的设定值阶跃响应如图 4-2 所示。被控对象的纯滞后时间从 0s 增加到 3s 后，比例增益 $K_C=0.1$ 时设定值阶跃响应没有超调，但是比例增益 $K_C=1$ 时设定值阶跃响应就表现出欠阻尼振荡的特性。随着比例增益 K_C 的进一步增加，设定值阶跃响应甚至可能发散振荡。

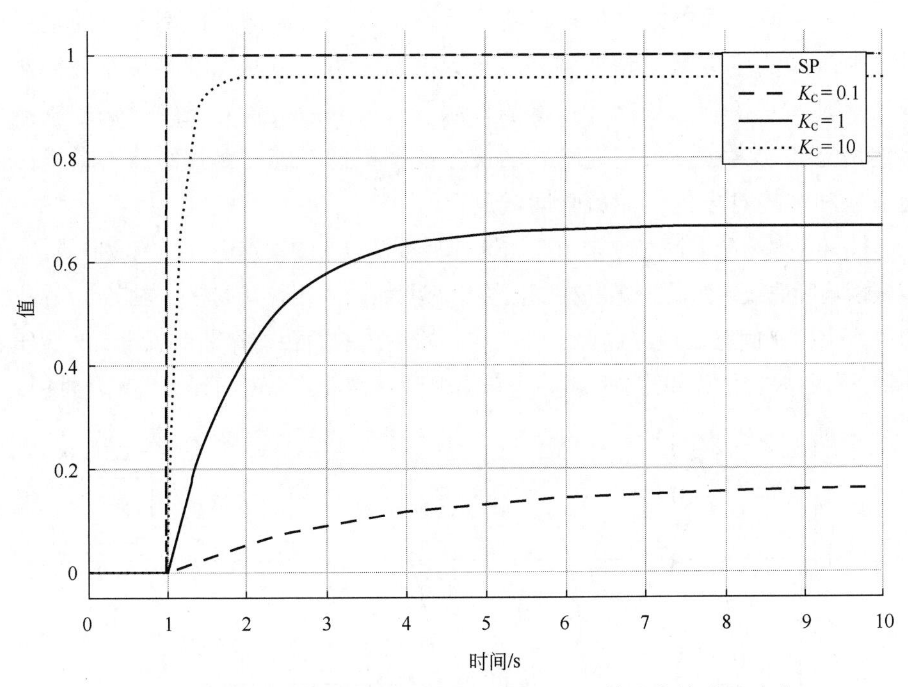

图 4-1　纯滞后时间为 0 基准自衡对象不同 K_C 的设定值阶跃响应

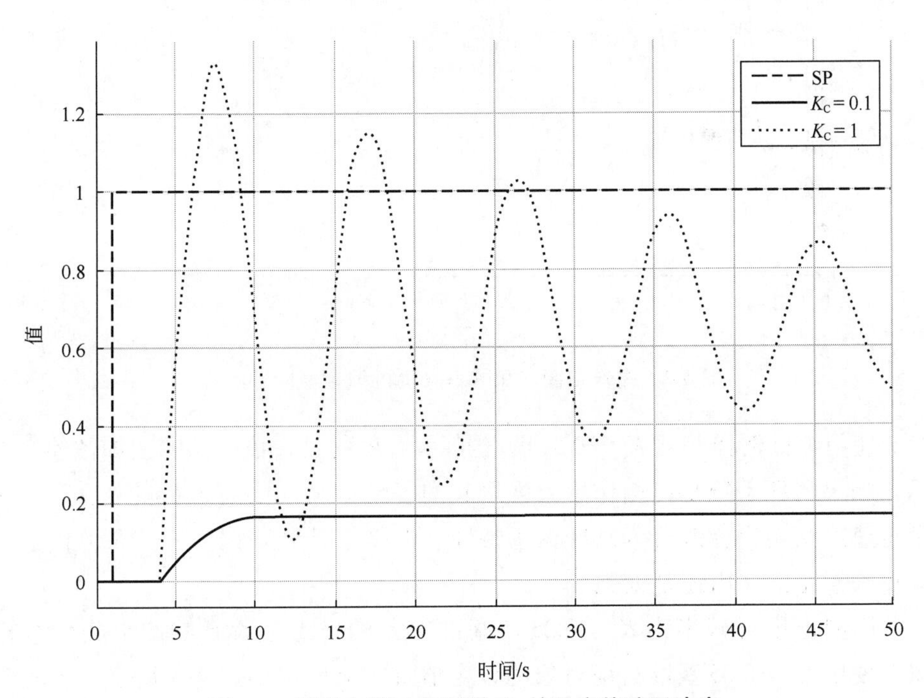

图 4-2　基准自衡对象不同 K_C 的设定值阶跃响应

实际生产过程中始终都存在纯滞后，所以一般说随着比例作用的增强，设定值阶跃响应会从无超调到有超调无振荡，再到衰减振荡甚至发散振荡。纯滞后时间是控制系统闭环振荡的根源，大纯滞后被控对象纯比例控制器的比例增益要非常小，设定值阶跃响应才能不振荡。纯比例控制器的最优比例增益应和被控对象的纯滞后时间成反比。

图 4-3 为基准自衡对象采用纯比例控制器 $K_C = 1$ 的设定值阶跃响应曲线。该衰减振荡响应曲线的过程变量和控制器输出有明显的同相位（同极值同拐点）特性。如果一个控制回路表现出过程变量和控制器输出的同相位振荡而且没有外界干扰的话，往往是比例作用太强引起的。选择将比例增益除以 3 可以改善闭环性能。

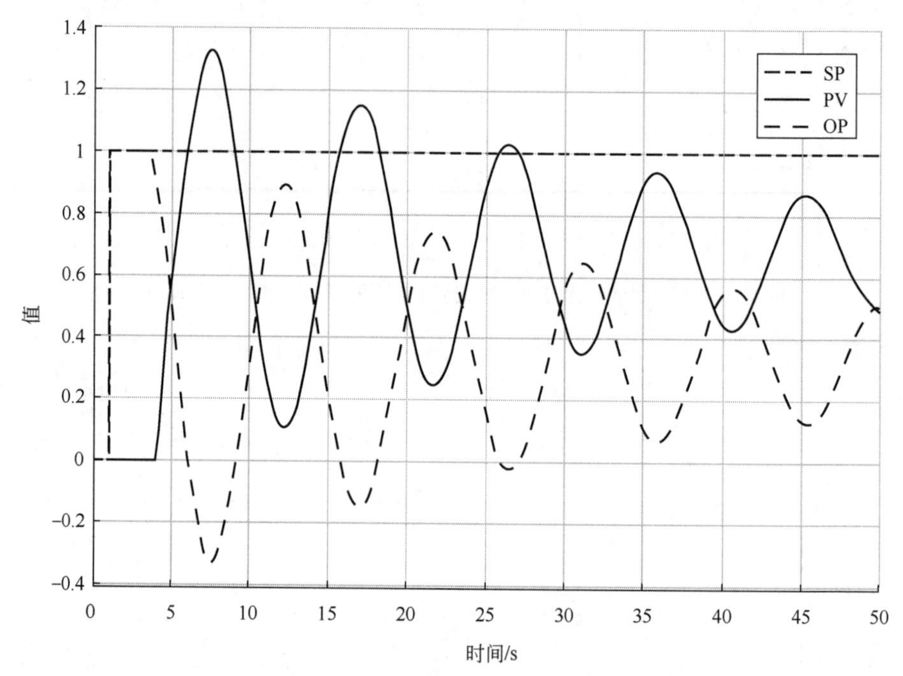

图 4-3　基准自衡对象 $K_C = 1$ 时的设定值阶跃响应

使用纯比例控制器 $K_C = 0.5$，基准自衡对象的设定值阶跃响应如图 4-4 所示。如果闭环系统是比例作用太强引起的等幅振荡，比例作用减半后系统的设定值阶跃响应会改善为衰减振荡特性。但是这种衰减振荡特性在现代整定观点来看比例作用还是太强。

比例作用再减半为 $K_C = 0.25$，基准对象的设定值阶跃响应会是什么样呢？使用 $K_C = 0.25$ 基准自衡对象的设定值阶跃响应，如图 4-5 所示。过程变量表现出有超调无振荡的目视最优闭环性能。

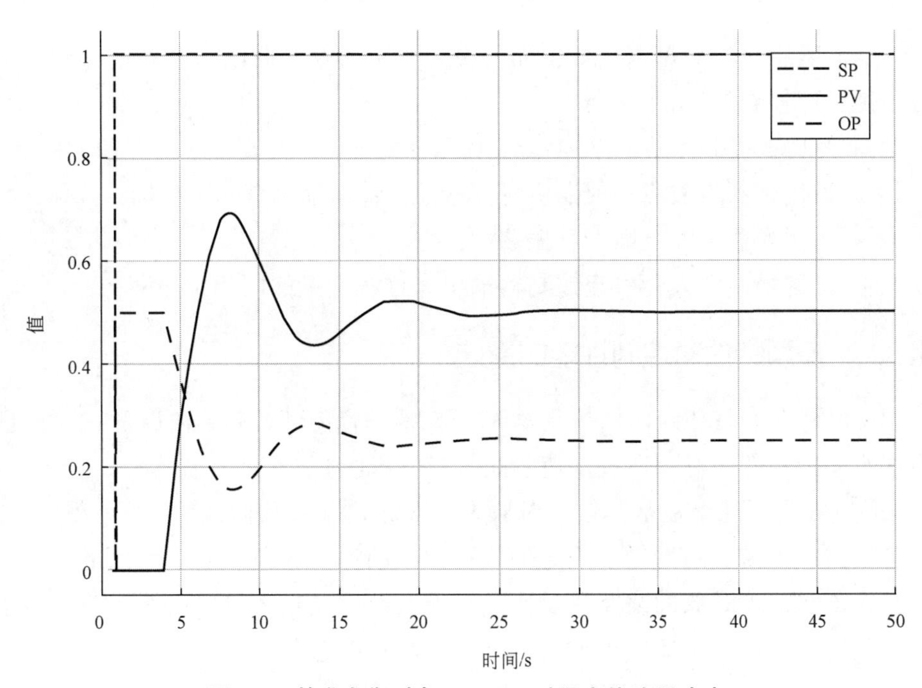

图 4-4　基准自衡对象 $K_C = 0.5$ 时设定值阶跃响应

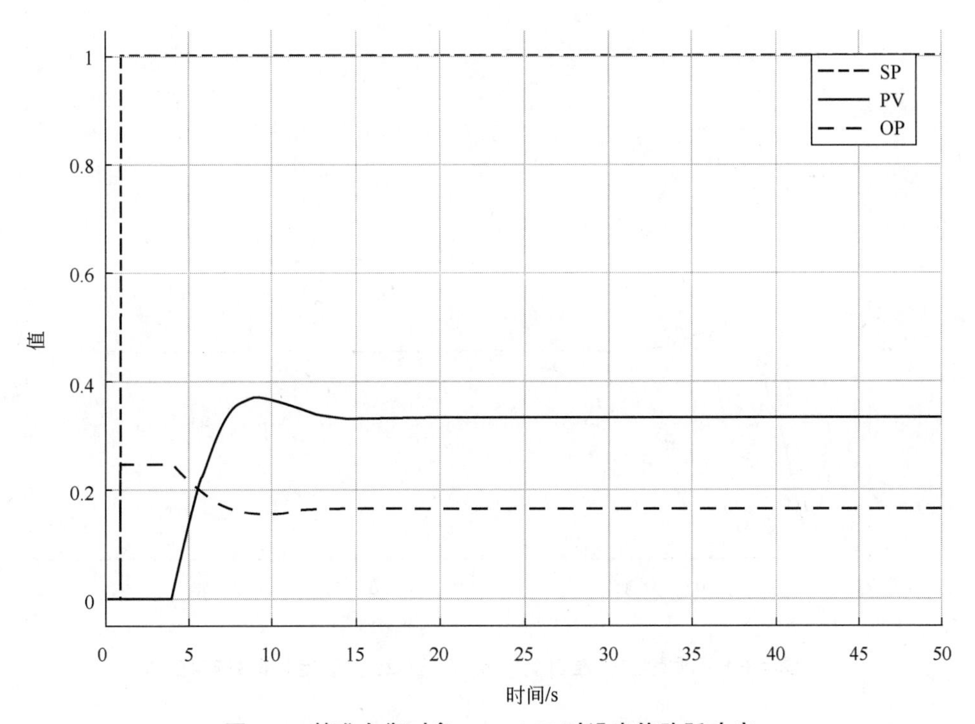

图 4-5　基准自衡对象 $K_C = 0.25$ 时设定值阶跃响应

综上所述，我们可以根据上面的设定值阶跃响应曲线，直观地得到自衡对象纯比例控制的认识：

① 纯比例控制始终有余差；

② 最优比例增益应与纯滞后时间成反比；

③ 比例增益足够小则不会振荡；

④ 比例增益太大会引起控制器输出和过程变量的同相位振荡。

4.3.2 模型特性对控制性能的影响

使用基准模型和纯比例控制器 $K_C = 0.25$ 进行闭环设定值阶跃测试，测试不同模型特性变化对闭环设定值阶跃响应的影响。

图 4-6 是不同增益基准自衡对象 $K_C = 0.25$ 时设定值阶跃响应。可以发现：随着被控对象增益的增加，设定值阶跃响应的振荡逐渐加剧。所以最优比例增益应该和被控对象的增益成反比。被控对象增益越大最优比例增益应该越小，反过来被控对象增益越小最优比例增益应该越大。

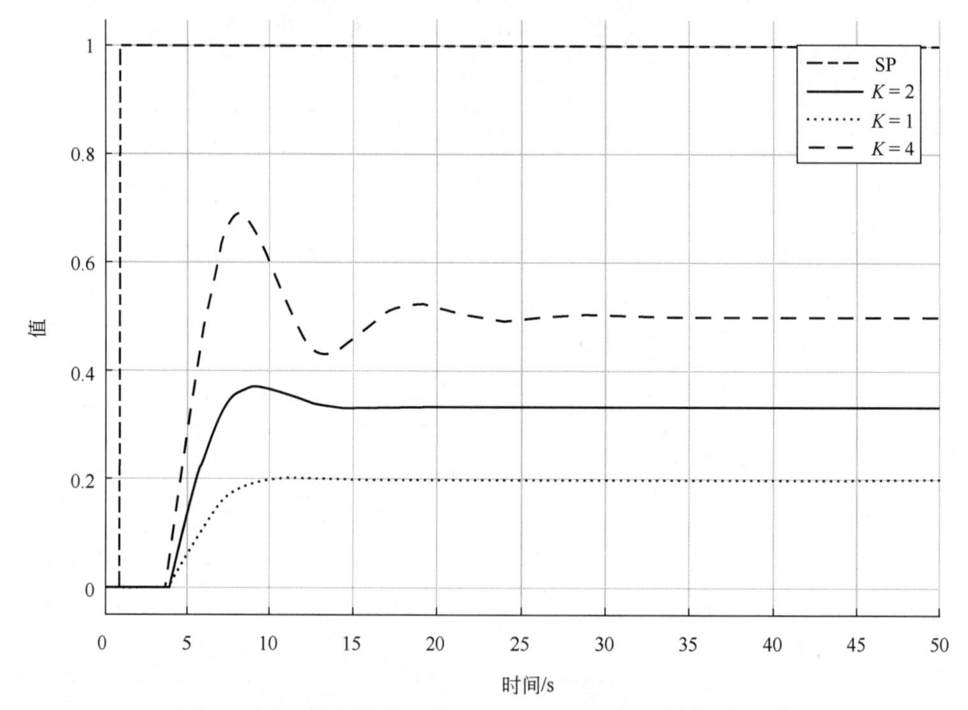

图 4-6 不同增益基准自衡对象 $K_C = 0.25$ 时设定值阶跃响应

图 4-7 是不同时间常数基准自衡对象 $K_C = 0.25$ 时设定值阶跃响应。可以

发现：随着被控对象时间常数的增加，设定值阶跃响应越来越缓慢。所以最优比例增益应该和被控对象的时间常数成正比。被控对象时间常数越大最优比例增益应该越大，反过来被控对象时间常数越小最优比例增益应该越小。

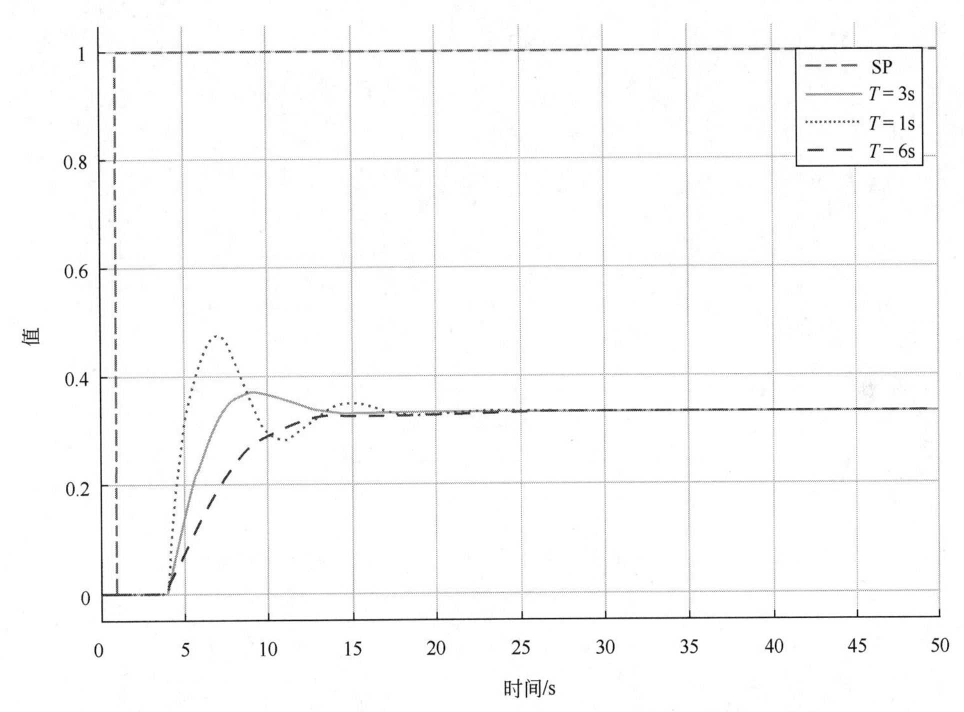

图 4-7　不同时间常数基准自衡对象 $K_C = 0.25$ 时设定值阶跃响应

图 4-8 是不同纯滞后时间基准自衡对象 $K_C = 0.25$ 时设定值阶跃响应。可以发现：随着被控对象纯滞后时间的增加，设定值阶跃响应的振荡逐渐加剧。所以最优比例增益应该和被控对象的纯滞后时间成反比。被控对象纯滞后时间越大最优比例增益应该越小，反过来被控对象纯滞后时间越小最优比例增益应该越大。

图 4-9 是 $\tau/T = 1$ 情况下不同时间常数基准自衡对象 $K_C = 0.25$ 时设定值阶跃响应。可以发现：如果被控对象的 $\tau/T = 1$ 不变，时间常数和纯滞后时间从 1s 到 12s 设定值阶跃响应的形状都基本不变。所以不使用单独的 τ 或者 T 反映被控对象控制的难易程度是科学的。一般当 $\tau/T < 1$ 时被控对象属于时间常数主导对象，该对象容易控制稳定。当 $\tau/T \geqslant 1$ 时被控对象属于纯滞后主导对象，该对象比较难控制稳定。

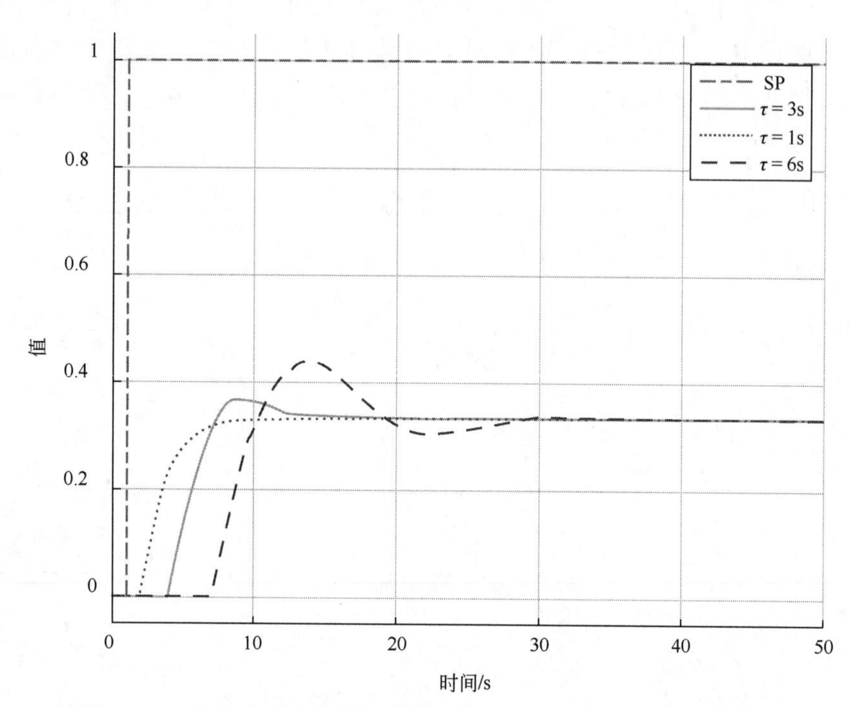

图 4-8 不同纯滞后时间基准自衡对象 $K_C = 0.25$ 时设定值阶跃响应

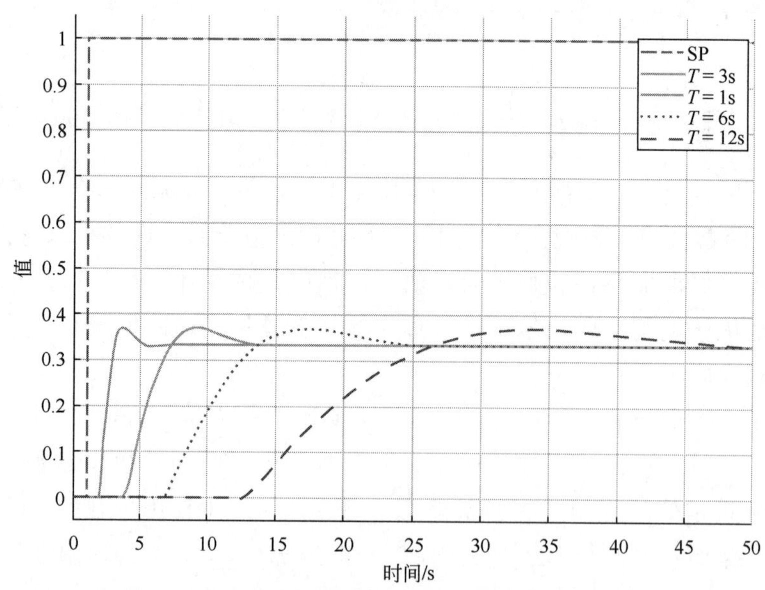

图 4-9 $\tau/T = 1$ 情况下不同时间常数基准自衡对象 $K_C = 0.25$ 时设定值阶跃响应

4.3.3 自衡对象纯比例控制器整定方法

根据上面的分析，我们可以直观得到纯比例控制器的一个整定公式（4-1）。该整定公式的比例增益和被控对象的时间常数成正比，和被控对象的增益、纯滞后时间成反比。

$$K_C = \frac{T}{K} \times \frac{1}{\tau} \tag{4-1}$$

将基准被控对象模型参数代入式（4-1）得到比例增益 $K_C = 0.5$，由图 4-4 可以发现其设定值阶跃响应曲线还是有衰减振荡，这说明上面的比例增益计算公式还是太强了。根据前面的试验我们还知道设定值阶跃响应振荡和被控对象的纯滞后时间直接相关。基于上面的考虑，自衡对象的纯比例控制器整定公式更新为：

$$K_C = \frac{T}{K} \times \frac{1}{\tau + \tau} \tag{4-2}$$

基准对象纯滞后时间分别为 0.75s、3s、12s 时，使用上面的整定公式计算 PID 参数的设定值阶跃响应曲线如图 4-10 所示。τ/T 从 0.25 增加到 4，设定值阶跃响应曲线都表现为过程变量有超调无振荡，这说明整定公式（4-2）比较合理。

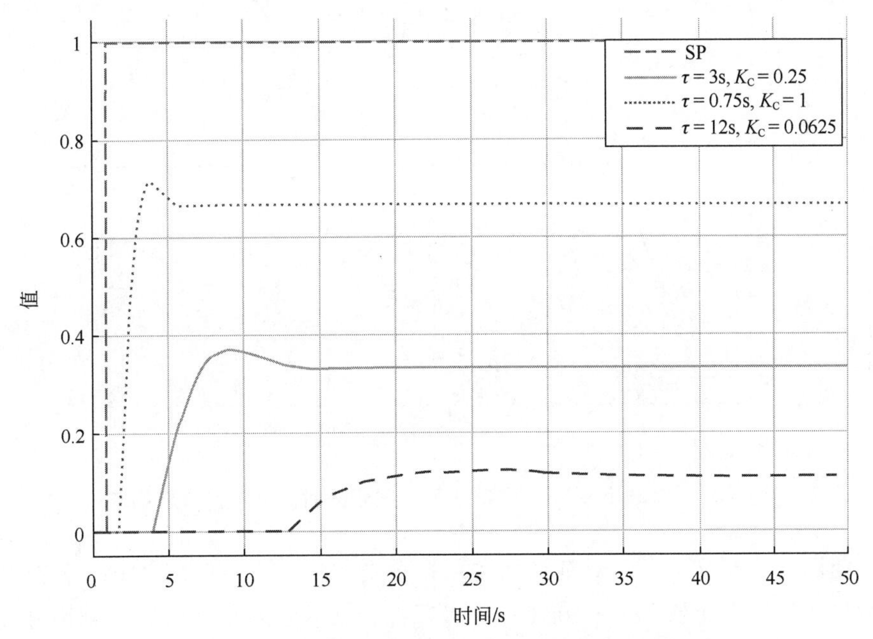

图 4-10　不同 τ 基准自衡对象整定后设定值阶跃响应

4.3.4 自衡对象比例积分控制器整定方法

自衡对象的纯比例整定公式可以保证设定值阶跃响应有超调无振荡。通过多次的设定值阶跃响应可以得到和前面一样的结论：纯比例控制器总是有余差。为了消除余差，可以使用比例积分控制器。积分作用通过对偏差的累积消除余差，偏差累积的速度应该和被控对象的动态特性——时间常数相匹配。

我们使用基准模型、$K_C=0.25$ 和不同积分时间进行闭环设定值阶跃测试。设定值阶跃响应曲线如图 4-11 所示。当积分时间太小（积分作用太强）时，设定值阶跃响应会超调甚至振荡。当积分时间太大（积分作用太弱）时，设定值阶跃响应缓慢，表现为“拖尾”现象。合适的积分时间应和被控对象的时间常数匹配。

基于上面的信息综合考虑，自衡对象的比例积分控制器整定公式如式（4-3）所示：

$$K_C=\frac{T}{K}\times\frac{1}{\tau+\tau} \qquad T_I=T \tag{4-3}$$

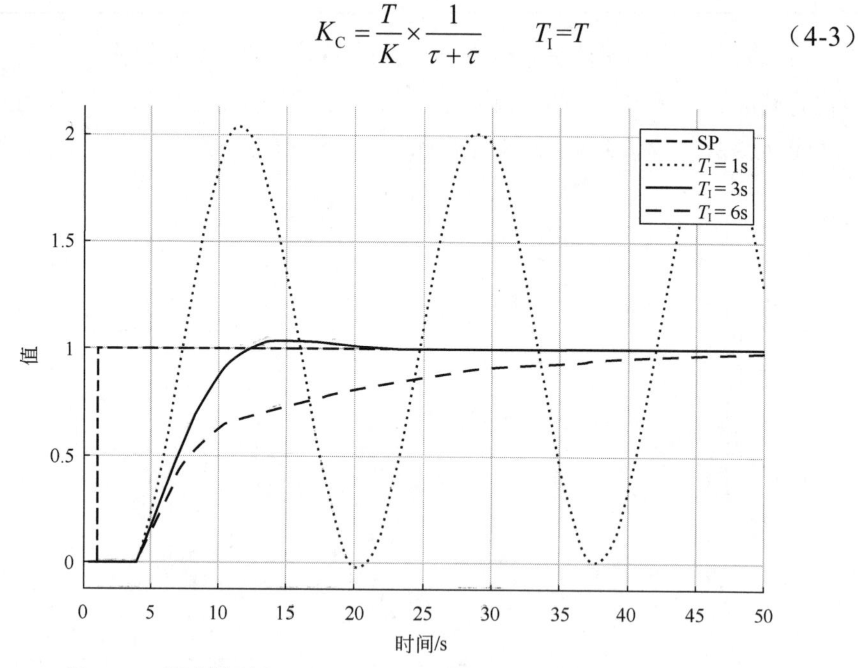

图 4-11 基准模型和 $K_C=0.25$，不同积分时间设定值阶跃响应

使用这个整定公式，对纯滞后主导自衡对象（$K/T/\tau=5/0.1\text{s}/10\text{s}$）和时间常数主导自衡对象（$K/T/\tau=5/10\text{s}/0.1\text{s}$）进行控制。根据自衡对象的比例积分控制器整定公式计算的 PID 参数分别为：$K_C/T_I=0.001/0.1\text{s}$ 和 $K_C/T_I=10/10\text{s}$。两个

自衡对象的闭环设定值阶跃响应分别见图 4-12 和图 4-13。使用该整定方法确定的 PID 参数，可以实现对这两个典型自衡对象的有效控制，而且无论是哪种自衡对象过程变量都表现为有超调无振荡的最优性能。对纯滞后主导对象而言，积分作用很强只要比例作用合适也能实现最优控制。对时间常数主导自衡对象而言，该整定方法提供的比例作用太强了，控制器输出变化明显太大。

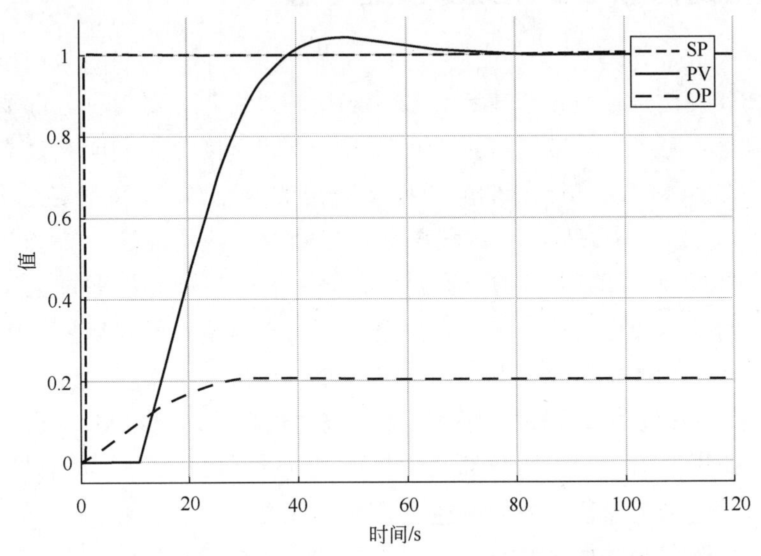

图 4-12　$K/T/\tau=5/0.1\text{s}/10\text{s}$ 和 $K_C/T_I=0.001/0.1\text{s}$ 设定值阶跃响应

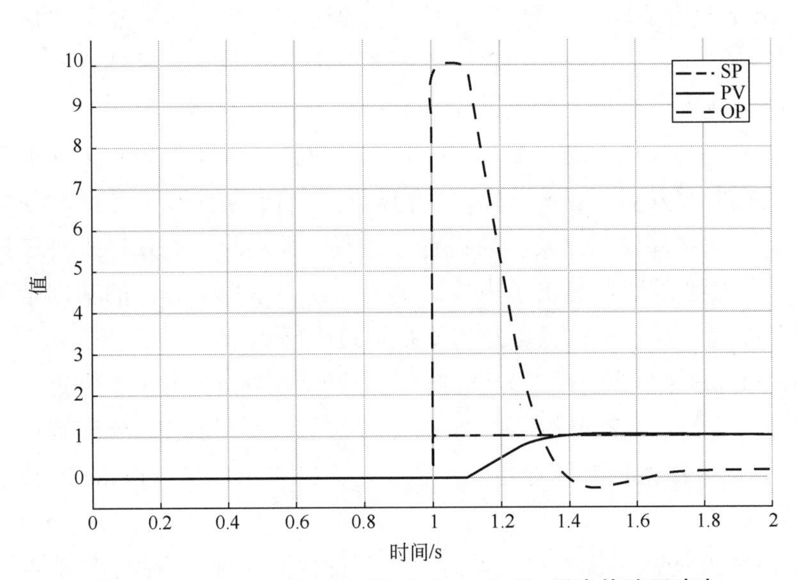

图 4-13　$K/T/\tau=5/10\text{s}/0.1\text{s}$ 和 $K_C/T_I=10/10\text{s}$ 设定值阶跃响应

现在只需要知道被控对象模型参数就能直接得到最优 PID 参数。如果想根据控制目标的不同灵活设置 PID 参数，就需要增加整定方法的灵活性，也就是 Lambda 整定方法。

4.4 自衡对象 Lambda 整定方法

自 PID 控制算法提出以来已经成功应用超过百年。尽管有一百多种整定方法，但是有明显实际应用效果而且被工业界广泛接受的 PID 参数整定方法却很少，许多大学课程仍在讲解 1942 年提出的最经典的 ZN 整定方法。

Lambda 整定方法是减少过程振荡的成功方法。从最简单的意义上讲，Lambda 整定以期望的闭环响应速度实现回路的非振荡响应。通过选择一个期望闭环时间常数（通常称为 λ）来设置闭环响应速度。不同期望闭环时间常数计算得到的 PID 控制器参数，可以在一个单元过程中实现一组回路的协调控制，从而使它们的共同作用有助于建立整个过程的理想动态。Lambda 整定方法仅需要用户指定一个闭环性能参数：λ。这不仅仅是为了简化 K_C 和 T_I 的计算过程，还是为了让用户能够通过具有物理意义的参数来选择控制器的预期性能，从而实现 PID 参数整定的科学化。

Lambda 整定方法的根源可以追溯到 1957 年牛顿、古尔德和凯撒的分析设计方法。简而言之，一旦知道了过程模型并且选择了闭环特性，该方法就可以直接得到所需 PID 控制器的参数。1968 年，大林在数字控制器上的工作为 Lambda 整定提供了主要推动，他提出了针对工业生产过程中含纯滞后控制对象的控制算法，即大林算法。大林算法将所需的闭环响应速度描述为“Lambda”。大林算法只针对一阶纯滞后过程，而莫拉里和钱等人将该技术推广到一般的传递函数，提出了内模控制方法。内模控制方法的基础是传递函数零极点配置，其中控制器零点用于抵消过程极点。

Lambda 整定方法为针对速度的整定方法（例如 ZN 和 CC 整定方法等）提供了强大的替代方法。ZN 和 CC 整定方法的控制目标是 1/4 衰减振荡，而 Lambda 整定方法的控制目标是设定值的一阶纯滞后响应。Lambda 整定方法具有以下优点：

① 过程变量在干扰影响或设定值阶跃变化后保证没有振荡，基本上也不会超调。

② Lambda 整定方法对模型纯滞后时间和实际纯滞后时间的偏差的敏感性要低得多。纯滞后时间失配在实际生产过程中很常见，因为很容易低估或高估了过程纯滞后时间。当纯滞后时间失配严重时，针对速度的整定方法可能会给出非常糟糕的结果。

③ 整定非常鲁棒，这意味着即使过程实际动态特性与用于整定的过程动态特性相比发生了较大变化，控制回路也能保持稳定。

④ 用 Lambda 整定方法整定的控制回路可以更好地吸收干扰，并将更少的干扰传递给下游过程。对于高度耦合过程，这是一个非常有吸引力的特性。造纸机上的控制回路通常使用 Lambda 整定方法进行整定，以防止整个机器由于过程相互耦合和反馈控制而发生振荡。

⑤ 用户可以为控制回路指定期望的响应时间（实际上是期望闭环时间常数），以加快或减慢控制回路的闭环响应速度。

注意：

① 没有使用微分时间，仅仅使用比例积分控制就能实现大部分过程工业参数的有效控制；

② Lambda 整定方法计算控制器增益（K_C），而不是比例度（PB）；

③ Lambda 整定方法假定控制器的积分设置为积分时间 T_I（以 s 为单位），而不是积分增益 K_I（$K_I = K_C / T_I$）。

4.4.1 自衡对象 Lambda 整定

使用 Lambda 整定的第一步是设置期望闭环时间常数。期望闭环时间常数描述对设定值阶跃变化时闭环控制系统的响应速度。一个小的期望闭环时间常数意味着一个积极的控制器或一个以快速响应为特征的控制器。一个大的期望闭环时间常数意味着一个缓慢但是鲁棒的控制器。

自衡被控对象可以用三个参数描述：稳态系数增益 K、动态系数时间常数 T 和纯滞后时间 τ。Lambda 整定方法使用式（4-4）确定自衡对象的 PID 参数：

$$K_C = \frac{T}{K} \times \frac{1}{\tau + \lambda} \qquad T_I = T \tag{4-4}$$

式中，λ 为期望的闭环时间常数。

式（4-4）和式（4-3）的形式一致，只是把调节闭环性能的参数从 τ 变成

了 λ。实际上 λ 反映了控制回路的期望闭环时间常数。λ 越大控制回路的闭环响应速度越慢，λ 越小控制回路的闭环响应速度越快。对基准自衡对象使用 $\lambda=0/\tau/2\tau=0s/3s/6s$，对应的比例增益分别为 0.5/0.25/0.167。

从图 4-14 的设定值阶跃响应曲线和前面的分析可以看到：$\lambda=\tau$ 时过程变量设定值阶跃响应曲线有超调无振荡，是最优闭环响应；λ 变小，设定值阶跃响应曲线就会超调加大甚至振荡；如果 $\lambda=2\tau$，设定值阶跃响应就比较缓慢。λ 的正确选择应该是基于纯滞后时间而不是时间常数。也有资料说 λ 的选择是基于时间常数，这也是一个错误的传言。推荐 $\lambda \geqslant \tau$。当 $\lambda \geqslant \tau$ 后，λ 基本上与闭环系统的时间常数相当。

自衡对象的 Lambda 整定方法可以归纳为：

微分不用、积分固定、比例可调

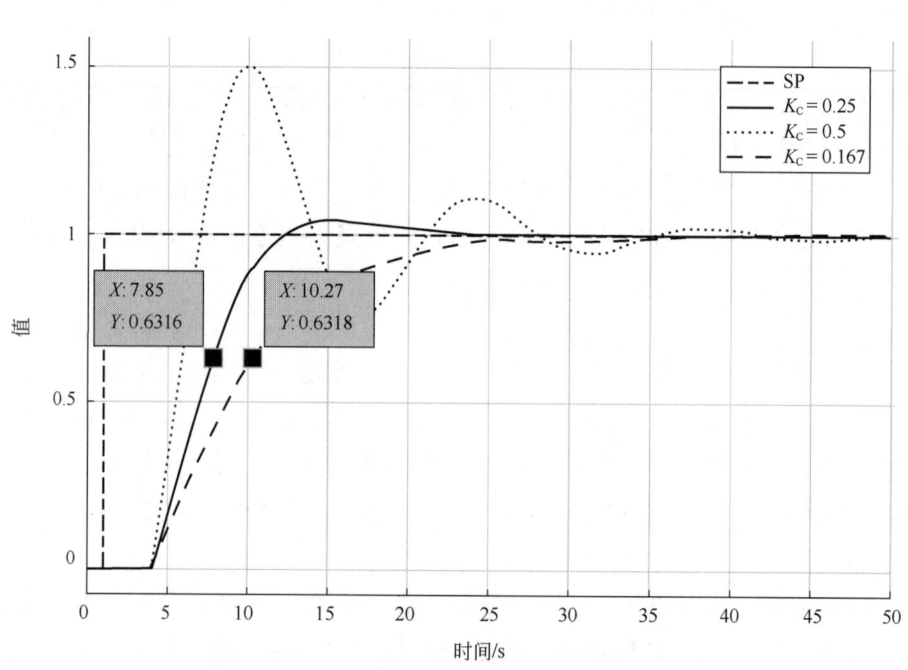

图 4-14 基准自衡对象不同 λ 的设定值阶跃响应

4.4.2 自衡对象控制模型计算

在 Lambda 整定方法确定后，计算 PID 参数的公式就确定下来了。现在自衡对象 PID 参数整定的难点就转移到如何获取被控对象的控制模型和如何确定合理的 λ 上。

对于自衡对象而言，模型增益无论使用开环测试还是闭环测试，其计算公式都一样：

$$K = \frac{\Delta \mathrm{PV}}{\Delta \mathrm{OP}} \tag{4-5}$$

要注意模型增益计算数据可能受到干扰的影响，建议多次测试并选择大的模型增益进行 PID 控制器参数计算。

所谓的自衡对象响应曲线，指的是在自衡被控对象处于稳态时对控制器输出做阶跃变化后的响应曲线。自衡对象特性计算需要知道 4 个参数 ΔOP、ΔPV、τ 和 T。稳态的 ΔOP 和 ΔPV 可以在响应曲线中很容易获得。63.2%ΔPV 对应的时间为 $\tau+T$ 的时间终点，$\tau+T$ 的时间起点为控制器输出开始阶跃变化的时间。要在这两个时间中间取一个分割点，从控制器输出开始阶跃变化的起点到这个分割点的时间段为纯滞后时间 τ，从这个分割点到 $\tau+T$ 的时间终点的时间段为时间常数 T。

通过上面的分析，我们可以把自衡对象基于响应曲线的控制模型的重点放在：如何对从控制器输出开始阶跃变化的起点到 $\tau+T$ 的时间终点这段时间进行分割。最直观准确地确定纯滞后时间 τ 和时间常数 T 的分割点的方法是切线法。从响应曲线第一次到达 63.2%ΔPV 的位置，沿响应曲线向开始位置的横坐标轴同时向开始方向做响应曲线的切线或交线，切点或交点就是分割点。输出变化到分割点为纯滞后时间 τ，分割点到 63.2%ΔPV 的时间为时间常数 T。

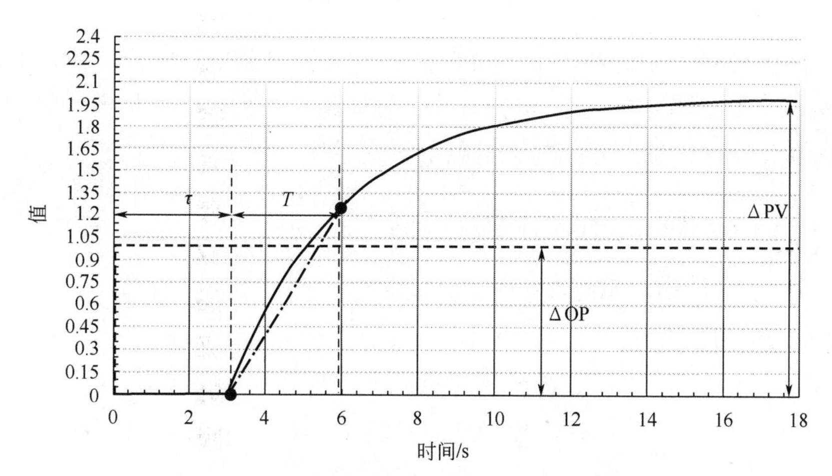

图 4-15　一阶纯滞后自衡对象的控制模型示意图

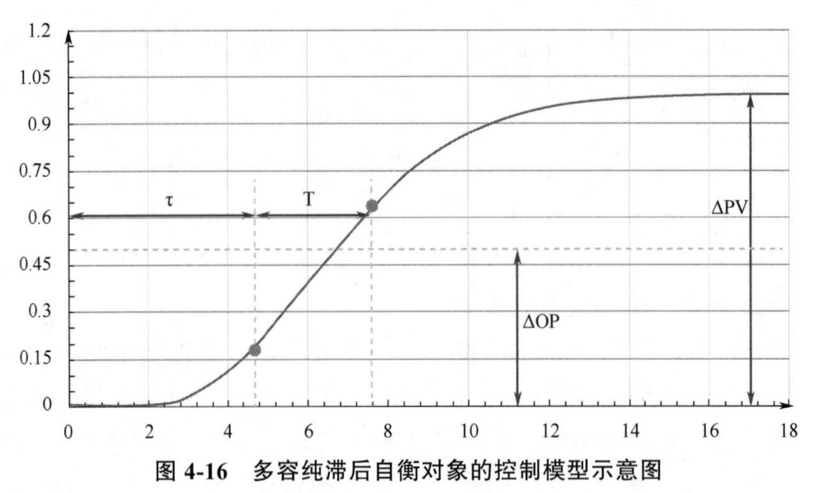

图 4-16　多容纯滞后自衡对象的控制模型示意图

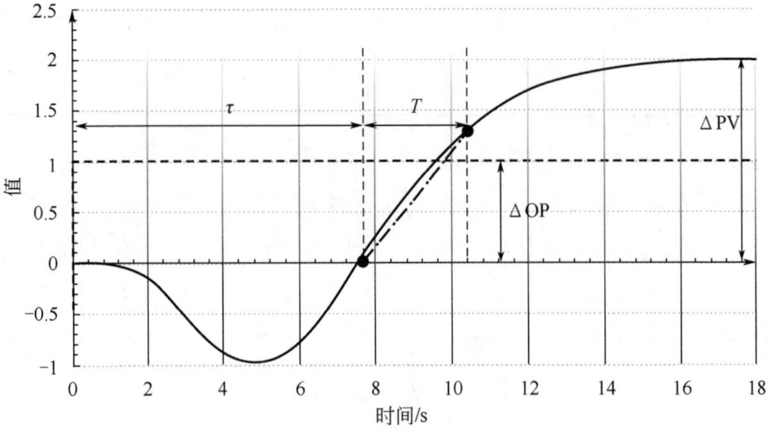

图 4-17　反向自衡对象的控制模型示意图

一阶纯滞后、多容纯滞后、反向过程的自衡对象的控制模型的选取原则分别见图 4-15、图 4-16 和图 4-17。这种基于响应曲线获取控制模型的方法是将 Lambda 整定方法工程化的很重要的创造性工作。

4.4.3　自衡对象 Lambda 整定实例

4.4.3.1　小纯滞后对象的 Lambda 整定

被控对象模型：

稳态系数，增益 $K=1$

动态系数，时间常数 $T=1\text{s}$

时间滞后，纯滞后 $\tau=0.1\text{s}$

如果选择 $\lambda=T=1\text{s}$，根据 Lambda 整定方法得到的 PID 参数如下：

$$K_C=\frac{T}{K}\times\frac{1}{\tau+\lambda}=\frac{1}{1.1}=0.909 \quad T_I=T=1\text{s} \tag{4-6}$$

如果选择最强参数 $\lambda=\tau=0.1\text{s}$，根据 Lambda 整定方法得到的 PID 参数如下：

$$K_C=\frac{T}{K}\times\frac{1}{\tau+\lambda}=\frac{1}{0.2}=5 \quad T_I=T=1\text{s} \tag{4-7}$$

$\lambda=T=1\text{s}$ 和 $\lambda=\tau=0.1\text{s}$ 的设定值阶跃响应如图 4-18 所示。

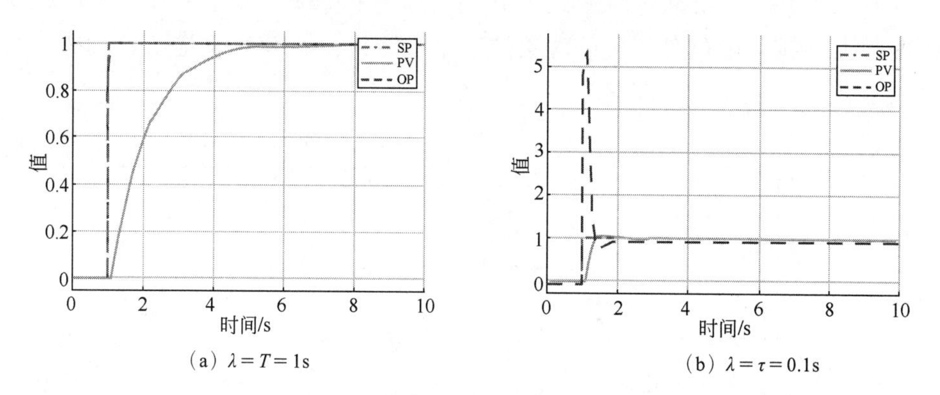

图 4-18 小纯滞后对象不同 λ 时的设定值阶跃响应

$\lambda=T=1\text{s}$ 时，根据控制器输出的曲线可以看出设定值阶跃响应速度基本上和开环响应速度一致，这是 $\lambda=T$ 的结果也符合预期。

如果选择 $\lambda=\tau=0.1\text{s}$，设定值阶跃响应速度只需要 0.3s 即可达到设定值。所以我们称 λ 为期望闭环时间常数。λ 越小闭环时间常数越小，闭环响应速度越快。λ 越大闭环时间常数越大，闭环响应速度越慢。而且期望闭环时间常数 λ 最小值和纯滞后时间 τ 有关。

对于小纯滞后被控对象，选择最强 PID 参数，设定值阶跃变化时也不会振荡。但是如图 4-18（b）所示此时控制器的输出变化会比较大，瞬时的控制器输出大幅度变化在很多情况下都是不允许的。甚至选择 $\lambda=T=1\text{s}$ 时，如果设定值大幅度变化也会导致控制器输出大幅度变化。

因为增加 λ 也会影响控制系统抑制干扰的能力，所以此时不建议更大幅度地增大 λ 而是选择比例先行 PID 或者限制设定值的变化速度。在闭环系统稳定的前提下，如何合理地选择 λ 也是 PID 参数整定需要综合考虑的地方。

也有的资料认为在大时间常数对象中可以使用微分来改进控制性能，但实际上我们总可以通过设置不同的 λ 来获得期望的控制性能，所以大时间常数对象也不需要使用微分。

4.4.3.2 反向过程的 Lambda 整定方法

类似锅炉汽包液位的反向过程，在控制器输出阶跃变化时，过程变量会有反向响应，这类过程被称为反向过程，也被称为非最小相位过程。使用 PID 对此类对象进行控制时要同时抑制反向和超调，给出合理的 PID 参数是非常困难的。基于响应曲线使用 Lambda 整定方法能有效解决这类问题。例如某一反向过程其开环阶跃响应如图 4-19 所示。Lambda 整定方法在开环阶跃响应曲线上划线，可以得到被控对象的三个参数：稳态系数增益 K、动态系数时间常数 T 和纯滞后时间 τ。

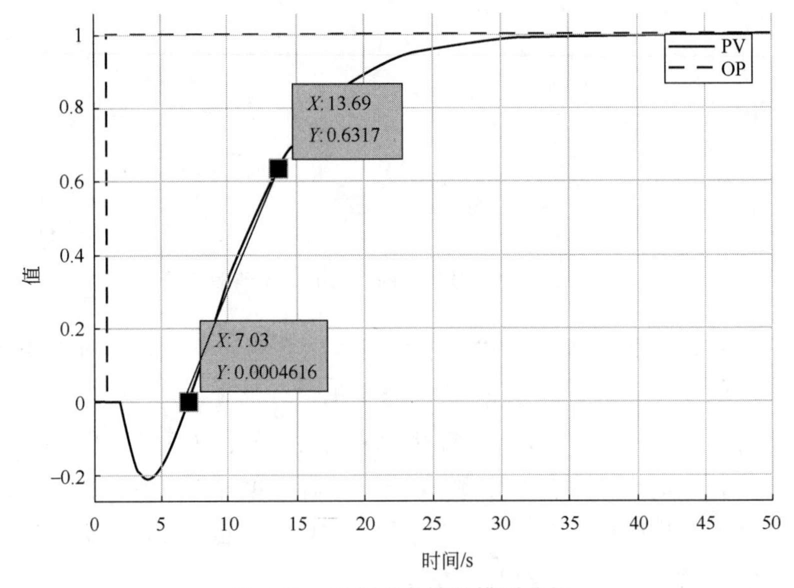

图 4-19 反向对象控制模型分析

$$\tau = 7.03 - 1 \approx 6\text{s} \tag{4-8}$$

$$T = 13.7 - 7.03 \approx 6.7\text{s} \tag{4-9}$$

$$K = \frac{\Delta\text{PV}}{\Delta\text{OP}} = 1 \tag{4-10}$$

根据切线数据可以知道被控对象的 PID 控制模型：

稳态系数，增益 $K=1$

动态系数，时间常数 $T=6.7\mathrm{s}$

时间滞后，纯滞后时间 $\tau=6\mathrm{s}$

PID 控制器参数计算如下：

$$\lambda=\tau=6\mathrm{s} \tag{4-11}$$

$$K_{\mathrm{C}}=\frac{T}{K}\times\frac{1}{\tau+\lambda}=\frac{6.7}{1\times(6+6)}=0.558 \qquad T_{\mathrm{I}}=T=6.7\mathrm{s} \tag{4-12}$$

使用这组 PID 参数进行设定值阶跃变化，闭环响应曲线如图 4-20 所示。从设定值阶跃响应曲线可以确定：Lambda 整定方法只需要从响应曲线获得一阶纯滞后控制模型参数就能准确得到最优的 PID 参数。

基于 Lambda 整定方法的 PI 控制适用于欠阻尼、大纯滞后、非最小相位等各类本质单调被控对象，可以作为 PID 参数整定标准化的基础。

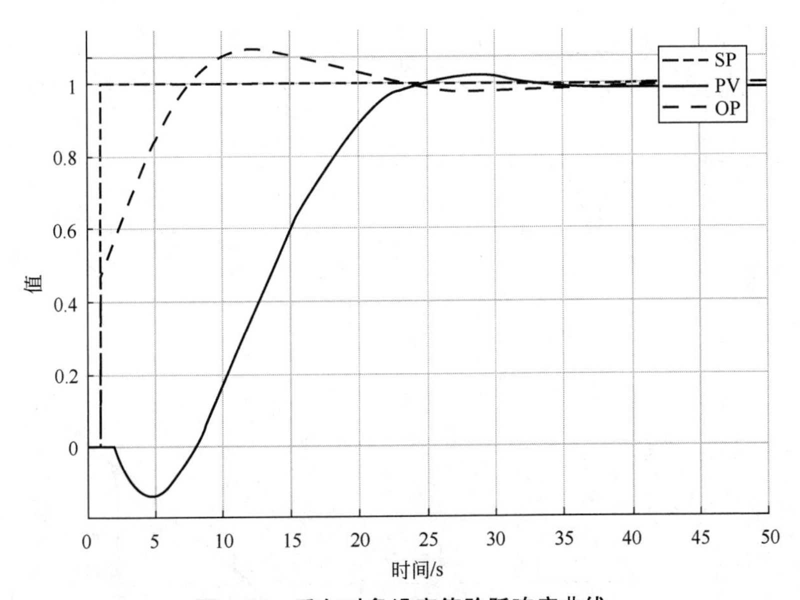

图 4-20 反向对象设定值阶跃响应曲线

4.5 积分对象 Lambda 整定方法

自衡对象和积分对象的特性描述对比如表 4-1 所示。两类对象的响应曲线对比如图 4-21 所示。积分对象依赖于平衡过程输入和输出来保持稳定。处于稳定的积分过程，对控制器输出进行阶跃变化将导致过程变量向一个方向逐渐移动。和自衡对象比，积分对象的响应曲线没有稳态的 ΔPV，最终过程变量按一定斜率向一个方向移动，这样也就没有了 63.2%ΔPV。自衡对象确定 $\tau+T$ 的时间终点的方法不适用于积分对象，积分对象的建模需要引入新的思路。

表 4-1　自衡和积分对象的特性描述对比

自衡对象特征描述	积分对象特征描述
稳态系数，增益 K 动态系数，时间常数 T 时间滞后，纯滞后时间 τ	稳态系数，增益 K 动态系数，时间 ΔT 时间滞后，纯滞后时间 τ

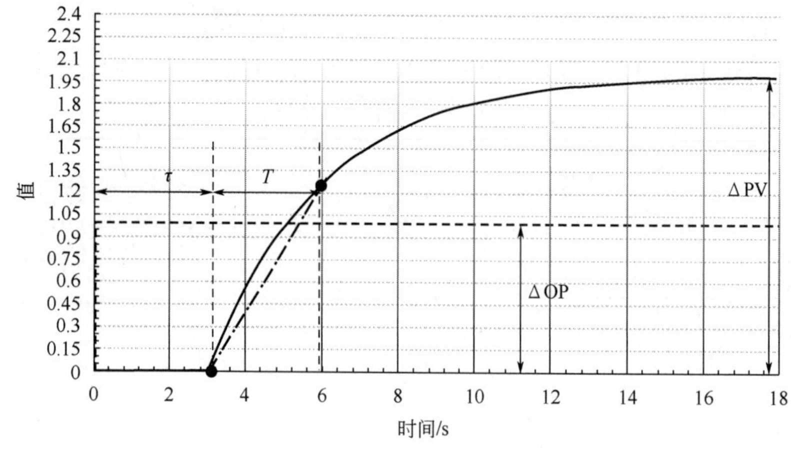

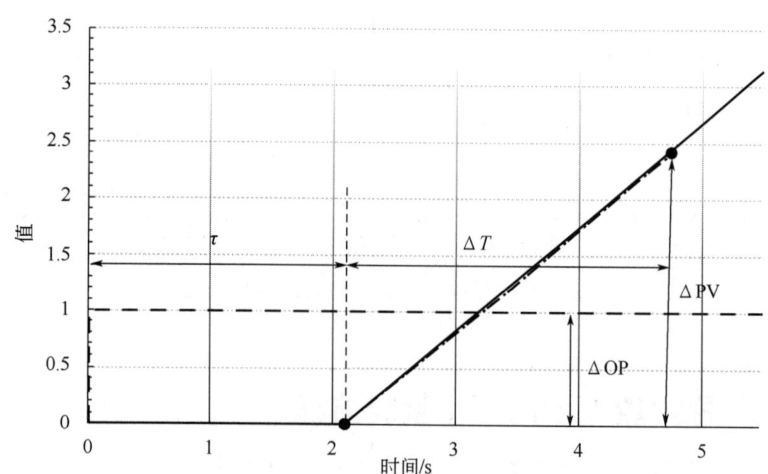

图 4-21　自衡和积分对象响应曲线（上：自衡对象；下：积分对象）

如图 4-21 的积分对象响应曲线所示，对积分对象我们使用响应曲线中过程变量按一定斜率稳定变化后的任一点来确定 ΔPV，从控制器输出阶跃变化的起点到该点的时间为 $\tau+\Delta T$ 的总时间。从 ΔPV 处沿斜线反向做直线与开始位置的坐标横轴相交，控制器输出阶跃变化的起点到该交点为纯滞后时间 τ，交点到 ΔPV 的时间为 ΔT。

积分对象的增益和自衡对象的增益计算公式一样：

$$K=\frac{\Delta \mathrm{PV}}{\Delta \mathrm{OP}} \tag{4-13}$$

积分对象和自衡对象的特性可以用基本一样的参数进行描述。下面的试验证明：积分对象的 Lambda 整定方法也可以直接借鉴自衡对象的公式。

为了方便分析，我们定义基准积分对象的模型参数为：

稳态系数，增益 $K=1$

动态系数，时间 $\Delta T=1\mathrm{s}$

时间滞后，纯滞后时间 $\tau=1\mathrm{s}$

第一步首先只考虑纯比例控制不考虑积分作用，计算公式与自衡对象的 Lambda 整定方法类似：

$$K_{\mathrm{C}}=\frac{\Delta T}{K}\times\frac{1}{\tau+\lambda} \qquad \lambda \geqslant \tau \tag{4-14}$$

对基准积分对象使用 $\lambda=0/\tau/3\tau=0/1\mathrm{s}/3\mathrm{s}$ 的设定值阶跃响应曲线，如图 4-22 所示。从响应曲线可以看到：$\lambda=\tau$ 时过程变量设定值阶跃响应曲线有超调无振荡，是最优闭环响应；如果使用更小的 λ，设定值阶跃响应曲线就会振荡，比例作用太强，积分对象也会像自衡对象一样振荡；如果 $\lambda=3\tau$，设定值阶跃响应就会比较缓慢。λ 的正确选择应该是基于纯滞后时间。推荐 $\lambda \geqslant \tau$，这个取值范围也和自衡对象的 Lambda 整定方法类似。

看起来纯比例控制器控制积分对象的效果非常好，积分对象的积分环节可以代替 PID 控制器的积分作用，实现闭环设定值阶跃响应无稳态余差。但是实际工业应用中，使用纯比例控制器控制积分对象仍存在余差。因为在实际被控对象中干扰的来源多种多样，干扰可能来自被控对象的输出，也可能来自被控对象的输入，这两类干扰引起的余差是不同的。

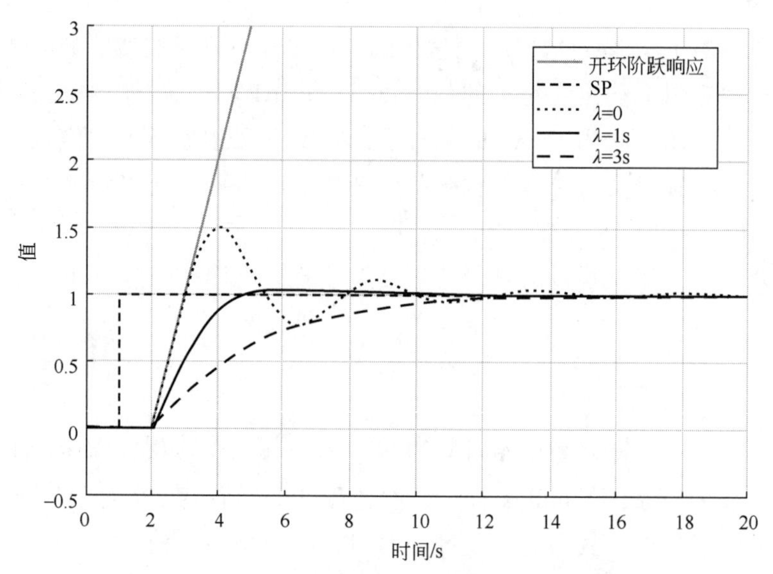

图 4-22　基准积分对象不同 λ 的设定值阶跃响应

对图 4-23 所示闭环控制系统进行设定值和扰动阶跃变化，其响应曲线如图 4-24 所示。设定值阶跃和输出阶跃扰动 d_2 时，纯比例控制器可以实现无余差，但是输入阶跃扰动 d_1 时，纯比例控制器有余差。这就是实际使用中，积分对象虽然已经有积分作用，但是使用纯比例控制器还是有余差的原因。

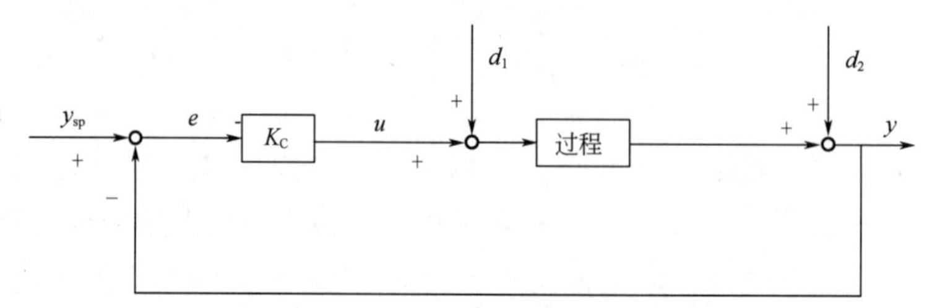

图 4-23　纯比例控制框图

即使被控对象是积分对象，考虑到扰动的复杂性，为了消除各种扰动可能导致的余差，也推荐使用比例积分控制而不是纯比例控制。

关键是积分时间如何设置才能既避免振荡又能消除余差。积分时间太大，闭环响应不会振荡，但是消除余差的能力会比较弱；反过来积分时间太小，则闭环系统超调加大甚至会振荡。

针对基准积分对象，选择 $\lambda=\tau$，则：

$$K_C=\frac{\Delta T}{K}\times\frac{1}{\tau+\lambda}=\frac{1}{1}\times\frac{1}{1+1}=0.5 \tag{4-15}$$

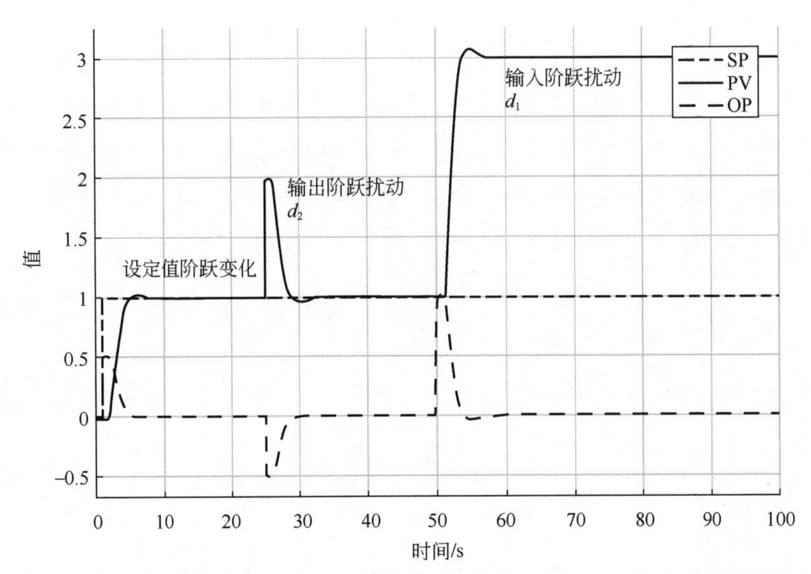

图 4-24 积分对象纯比例控制的设定值、输出扰动、输入扰动的阶跃响应

不同积分时间的设定值阶跃响应如图 4-25 所示。可以看出：纯比例不振荡，积分作用太强了引起振荡，积分作用弱了消除余差比较慢，增强积分作用闭环响应超调更严重，更容易振荡。增加积分作用后过程变量的超调量明显增加，这是由积分对象的积分作用和比例积分控制器的积分作用的双重作用造成的。最佳的积分时间能最快速消除余差而且还不会引起振荡。

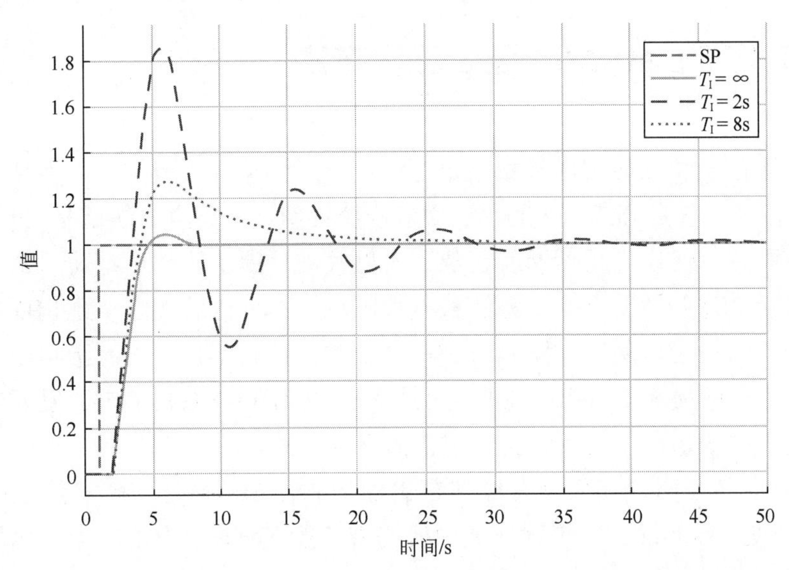

图 4-25 基准积分对象比例积分控制器不同积分时间的设定值阶跃响应

ΔT 会随着在响应曲线上的选点不同而变化，所以 ΔT 并不是积分对象的本质特性，不能用于确定积分时间。根据分析知道：对积分对象而言，当使用比例积分控制时，积分时间足够大，比例增益和积分时间的乘积满足式（4-16）时，积分对象不会振荡，这个结论的理论推导见附录。但是积分对象的闭环响应会出现超调，而且基本上一直都有超调。

$$K_C T_I \geqslant \frac{4\Delta T}{K} \tag{4-16}$$

推荐的不振荡最小积分时间为：

$$T_I = \frac{4\Delta T}{K_C K} = 4(\tau + \lambda) \tag{4-17}$$

对积分被控对象，使用比例积分控制器的 Lambda 整定公式：

$$K_C = \frac{\Delta T}{K} \times \frac{1}{\tau + \lambda} \qquad T_I = 4(\tau + \lambda) \tag{4-18}$$

积分对象的 Lambda 整定方法可以归纳为：

微分不用、积分足够、比例适当

4.6 关于 Lambda 整定工程方法

国外有一本书对 PID 参数整定方法进行了汇总，大概有一百多种整定方法，四百多个整定公式。整定方法太多恰恰说明这些整定方法都是工程方法，科学性不足，这让工程师无所适从，所以大部分的工程师还是使用试凑法凭经验进行 PID 参数整定。经验法科学性不足、不可传承，这导致 PID 参数整定工程师的缺乏。现场工程师的 PID 参数整定能力不足，进而影响了装置过程控制水平的提高。既有控制理论的知识，又对 PID 参数整定的重要性和意义有足够的认识，才能找到科学规范的整定方法。

“很容易证明，任何具有合理整定的控制器都将优于 ZN 法整定的控制器”。但是 Lambda 整定工程方法的研究借鉴了 ZN 整定方法的工程化思想并进行了改进：

① Lambda 整定工程方法也是基于响应曲线获得控制器模型，但是将控制模型分为一阶纯滞后模型和积分纯滞后模型，这种方法极大地拓展了 Lambda 的适用范围，降低了对模型精度的要求；

② Lambda 整定工程方法也是从研究纯比例控制器性能入手的，但是并不需要临界振荡，也不考虑微分作用，而是根据被控对象特性和控制要求计算得到比例增益；

③ Lambda 整定工程方法也是为了获得最优 PID 参数，但是最优标准调整为过程变量有超调无振荡，PID 控制器的形式还确定为比例积分控制并提供了闭环性能灵活调整的参数；

④ Lambda 整定工程方法针对大时间常数对象也一样，可以把自衡对象近似为积分对象，并取得满意的控制效果。

关于 Lambda 整定工程方法的推导过程，如果您有兴趣了解，可以参见附录 1。在网上我曾经公开发表了一本电子书：《PID 整定理论与实践》。电子书里也进行了 Lambda 整定公式推导。Lambda 整定方法理论非常严密，可是由于使用了传递函数和频域知识，很多非自控专业的工程师还是看不太懂。本书我们尝试基于响应曲线得到 Lambda 整定公式，使用的 Lambda 整定方法的推导过程其实和《PID 整定理论与实践》里的方法看起来已经大不相同，但是殊途同归，得到了一样的 Lambda 整定公式。积分对象的 Lambda 整定方法也比很多文献上介绍的方法更简洁。Lambda 的理论基础在 1957 年就提出了，Lambda 整定方法 1968 年已经公开发表，Lambda 整定方法也和内模控制有一定的关系，但是这些进步没有获得一线工程师的认可和关注。关于 Lambda 整定工程方法我们不仅进行了宣传推广，还做了一些创造性的工作：

① 从众多整定方法中找到和确定了 PID 参数整定的定量方法，尝试在一个框架下解决各种类型被控对象的 PID 参数整定问题。

② Lambda 整定理论和实践的结合。把整定理论根据实践中的问题进行了工程化扩展，既突破了分析设计方法，又扩大了适用范围，推动 Lambda 整定方法的工程化改进。

③ 基于响应曲线和 λ 选择进行 PID 参数整定，并没有使用更复杂的系统辨识知识，而是使用更直观的响应曲线得到 Lambda 整定所需的控制模型参数，欠阻尼、大纯滞后、非最小相位、积分等各类被控对象都可以应用响应曲线确定 PID 参数。

④ 发展和改进了积分对象的 Lambda 整定方法。积分对象如果直接使用

分析设计方法，将得到一个纯比例控制器，为了消除余差又不振荡，对积分对象我们也使用了比例积分控制并进一步确定了积分时间的计算公式。

⑤ 使用统一模型结构描述自衡对象和积分对象。自衡对象和积分对象的 Lambda 整定方法使用一样的比例增益计算方法和 λ 选择依据，简化和统一了 Lambda 整定方法。

5

PID 参数整定实操

根据经验，任何过程的动态特性都是不同的，就算它们可以生产相同的产品，使用相同的仪器，并在相同的时间生产，但是，就像双胞胎一样，它们不可避免地会发展出独特的特点。每个化工过程的控制方案都有其独特性。一个工厂的苯乙烯聚合反应器的原料、工艺和产品规格可能与另一个工厂的类似，但是反应器结构可能有很大的不同。过程操作管理理念、工厂控制硬件和软件、设备结构、传感器选择和维护以及工艺约束在不同的工厂有很大的不同。工艺条件和控制要求的差异导致每个过程几乎都需要全新的控制策略，这是一个显著影响过程控制实践的因素。

即使过程变量之间的关系非常清晰，但是被控对象模型往往具有非线性、时变、纯滞后、耦合等动态特性。而且基础条件和过程本身的限制很多，干扰和噪声多种多样，操作人员的经验和对工艺过程的理解不足。这些都增加了 PID 参数整定的难度。

尽管如此，生产过程确实具有一些共同的特征，绝大部分的生产过程都可以用 PID 控制器实现有效控制。PID 控制器可以提供的常用控制方式包括：

① 纯比例控制。这是最简单的控制形式，最容易整定。纯比例控制还提供了鲁棒（即稳定）的控制。它会做出一个初始快速的瞬时动作响应干扰和设定值阶跃变化，但纯比例控制存在余差。纯比例控制可以用于仿真和闭环性能分析，不推荐在实际应用中使用纯比例控制。

② 比例积分控制。工业上最常用的 PID 控制形式，比例积分控制提供了比例控制的快速实时响应，并解决了纯比例控制的余差问题。使用 2 个参数，使得这种形式相对容易优化。在过程控制中，控制回路绝大部分使用比例积分控制。

③ PID 控制。这种形式使用了 PID 的 3 个参数，允许更激进的比例作用和积分作用并且没有超调。PID 控制适用于稳定、响应缓慢和几乎没有噪声的过程。PID 控制的不足是其复杂性增加，而且噪声会在控制器输出上被放大。噪声的放大通常会导致最终控制元件过度磨损，增加维护成本。当被控对象具有发散特性时，只有使用 PID 才可能有效控制，微分作用的使用扩展了 PID 的适用范围。

PID 控制器理论上还可以提供纯积分、比例微分等其他控制方式，但大多数工业过程只需使用 PID 控制器的两个参数，即比例增益和积分时间，即可有效控制。微分在噪声面前的响应很差，会导致最终控制元件的磨损加剧。由于大多数生产过程都有噪声，因此通常不使用微分。

比例积分控制器的挑战是有两个可调参数，这两个参数互相影响，甚至互相干扰。

在对 PID 控制器进行试凑法或启发式整定时，需要根据响应曲线进行分析判断。分析不同 PID 参数情况下的闭环响应曲线，可以帮助我们更容易地发现问题，确定 PID 参数整定的方向。由于自衡对象和积分对象的闭环响应曲线显著不同，所以必须分开讨论。

5.1 自衡对象响应曲线分析

图 5-1 显示了比例增益和积分时间的变化对自衡对象设定值阶跃响应曲线的影响。正中间（[T_I，K_C]）的响应曲线为有超调无振荡的最优状况。由图 5-1 可见，随着比例增益和积分时间的变化，无论是翻倍还是减半，自衡对象设定值阶跃响应过程的每一个曲线都显著不同。左上角的响应曲线图（[$0.5T_I$，$2K_C$]）显示，当比例增益加倍、积分时间减半时控制作用太强，控制器会产生大而缓慢的阻尼振荡。相反，右下角的响应曲线图（[$2T_I$，$0.5K_C$]）显示，当控制器比例增益减半、积分时间加倍时控制作用太弱，设定值阶跃响应会变慢。

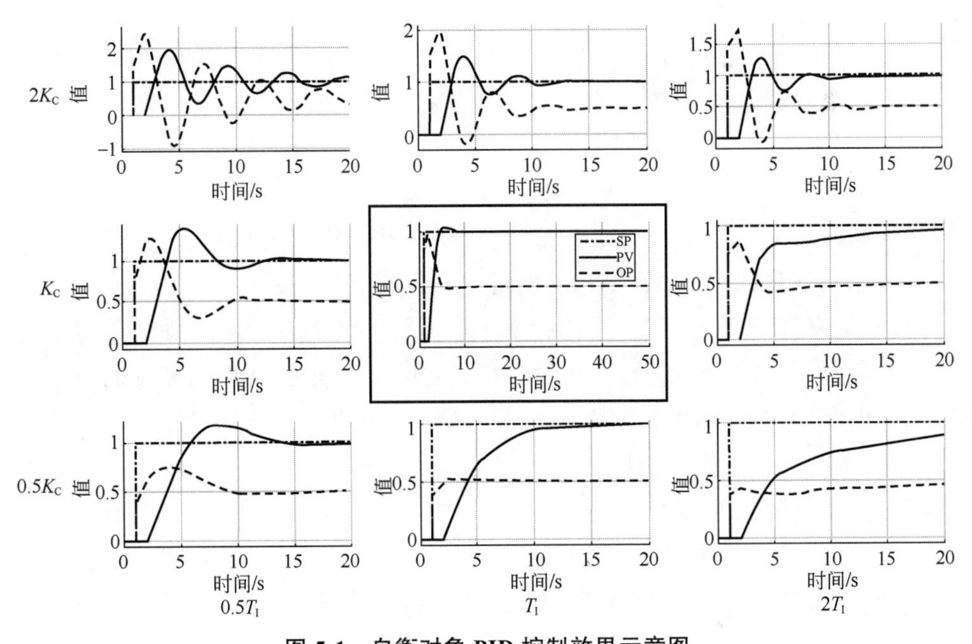

图 5-1 自衡对象 PID 控制效果示意图

从图 5-1 我们可以得到关于自衡对象比例积分控制的几个认识：

① 最优参数情况下，控制回路做设定值阶跃变化时，过程变量应表现为：有超调无振荡而且过渡时间最短。这是鲁棒性和控制性能俱佳的最强 PID 控制作用。

② 使闭环系统稳定的参数范围很大，寻找又稳又快的控制器参数是 PID 参数整定的难点和关键。

③ 从中间一行和中间一列的响应曲线可知，单一参数的翻倍或减半，自衡对象设定值阶跃响应都是稳定的，说明小幅度参数整定往往不奏效。

④ 从上面一行的响应曲线可以看出，如果比例作用太强，控制器输出都会表现出振荡特性。如果积分作用不太强的话，控制器输出和过程变量同相位振荡，如果积分作用也太强则振荡加剧。如果是比例作用太强引起的同相位振荡，仅仅简单地加大积分时间、减弱积分作用往往不能完全消除振荡。

⑤ 从中间一行的响应曲线可以看出，如果比例作用合适，太强的积分作用会造成控制器输出和过程变量的异相位振荡，如果积分作用太弱则会造成过程变量的拖尾现象。最优的积分作用和被控对象的动态特性密切相关。

⑥ 从下面一行的响应曲线可以看出，如果比例作用不强，积分作用在很大范围内都不会引起振荡。

⑦ 从左中响应曲线图（[$0.5T_I$，K_C]）可以看出，如果是不太明显的异相位振荡，通过降低比例增益或者增加积分时间都可以减弱积分作用，让系统不振荡。因为积分作用的强弱和 K_C/T_I 相关，所有减弱积分作用的参数整定都能达到消除异相位振荡的目的。但是正确的做法是降低积分作用，保持比例作用不变。所以我们可以看到左下响应曲线图（[$0.5T_I$，$0.5K_C$]）的过渡时间要比中间响应曲线图（[T_I，K_C]）的过渡时间长。

⑧ 从中下（[T_I，$0.5K_C$]）和右下（[$2T_I$，$0.5K_C$]）两个响应曲线图可以看到，设定值阶跃响应控制器输出没有任何超调，这是控制作用偏弱的表现，应该首先要增加比例增益，然后再判断是否需要减少积分时间。

⑨ 从右上角的四个响应曲线图可以发现如果比例作用足够强，控制器输出都会表现出超调的特性，哪怕是积分作用偏弱，例如右中响应曲线图（[$2T_I$，K_C]）和右上响应曲线图（[$2T_I$，$2K_C$]）的响应。当过程变量有超调无振荡时则积分作用比较合适。如果控制器输出重新缓慢上升到稳态，说明积分作用太弱。

5.2 积分对象响应曲线分析

积分过程的过程变量在开环情况下仅在平衡点是稳定的。图 5-2 显示了比例增益和积分时间的变化对积分对象响应曲线的影响。正中间响应曲线图（[T_I，K_C]）为最优状况。由图 5-2 可见，随着参数的变化，无论是翻倍还是减半，积分对象设定值阶跃响应过程的每一个曲线都截然不同。

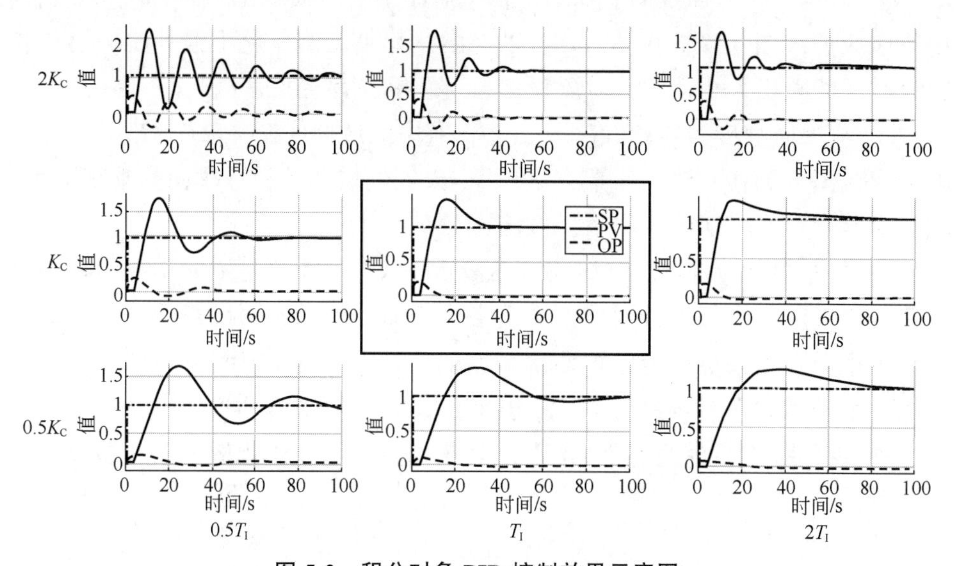

图 5-2　积分对象 PID 控制效果示意图

从图 5-2 我们可以得到关于积分对象比例积分控制的几个认识：

① 最优参数情况下，控制回路做设定值阶跃变化，过程变量应表现为有超调无振荡而且过渡时间最短。这是鲁棒性和控制性能俱佳的最强 PID 控制作用。

② 使闭环系统稳定的参数范围很大，寻找又稳又快的控制器参数是 PID 参数整定的难点和关键。

③ 从中间一行和中间一列的响应曲线可知，单一参数的翻倍或减半，积分对象设定值阶跃响应都是稳定的，说明小幅度参数整定往往不奏效。

④ 积分对象自身有积分作用，积分对象再使用比例积分控制器时，由于闭环系统中有两个积分环节，积分对象过程变量的响应曲线总是有超调。虽然积分对象自身有积分作用，但是如果使用纯比例控制器，闭环系统还是会有余差。

⑤ 从上面一行的响应曲线可以看出，如果比例作用太强，控制器输出都

会表现出振荡特性。如果积分作用不太强的话，就表现为与过程变量同相位振荡，如果积分作用也太强则振荡加剧。如果是比例作用引起的同相位振荡，仅仅简单地加大积分时间、减弱积分作用往往不能完全消除振荡。

⑥ 从中间一行的响应曲线可以看出，如果比例作用合适，太强的积分作用会造成控制器输出和过程变量的异相位振荡，如果积分作用太弱，则会造成过程变量的拖尾现象。

⑦ 从左中响应曲线图（[$0.5T_I$，K_C]）、左下响应曲线图（[$0.5T_I$，$0.5K_C$]）、中下响应曲线图（[T_I，$0.5K_C$]）可以看出，如果比例作用不强且比例增益和积分时间的乘积太小，积分对象设定值阶跃响应都会振荡。

⑧ 从中间响应曲线图（[T_I，K_C]）、右中响应曲线图（[$2T_I$，K_C]）、右下响应曲线图（[$2T_I$，$0.5K_C$]）可以看出，如果比例增益和积分时间的乘积够大，积分对象设定值阶跃响应都不会振荡。

⑨ 从左中响应曲线图（[$0.5T_I$，K_C]）可以看出如果是不太明显的异相位振荡，仅仅减小比例增益振荡不会消失，反而会因为比例增益和积分时间的乘积更小导致更大更缓慢的振荡。增加积分时间，使比例增益和积分时间的乘积变大，系统才能从振荡中摆脱出来。

⑩ 积分对象振荡的两个根源：a. 比例增益太大；b. 比例增益和积分时间的乘积太小。

5.3 控制回路振荡的根源

有时，现有的控制回路早已在振荡状态持续运行了很久，可以把控制回路的整定当作故障排除活动。控制回路故障排除是艺术和技术的综合，需要工程常识、过程洞察力、控制知识、实践经验和足够的耐心。尽管存在不确定性，但一些通用的指导方针和过程可以帮助减少故障排除工作的难点。过程变量周期性振荡有许多可能的原因，而且问题往往不一定是 PID 参数造成的。如果将控制器置手动模式，控制回路还是振荡，那么很可能是由其他外界原因造成的，而不是控制系统自身的问题。有一种可能是受到另一个控制回路的耦合作用而导致过程变量振荡。如果将控制器设置为手动模式，控制回路立刻停止振荡，那可能通过控制器参数整定就能够解决问题。

在振荡控制回路中，重点是要观察过程变量和控制器输出的峰谷时间的振荡相位关系。如果控制器输出处于峰谷时的时间点，过程变量也差不多同时处于峰或谷，则可能是比例作用太强引起的。将比例增益减半往往振荡就会逐渐消失，如果比例增益减半后振荡幅度反而变大，则说明有周期性外部扰动影响该控制回路。相反地，如果过程变量与控制器输出在明显不同的时间点达到波峰或波谷，则可能是积分作用太强造成的。将积分时间翻倍往往振荡就会逐渐消失。将积分时间设置为峰值到峰值的振荡周期则更保守和安全。

如图 5-3 所示，如果控制器输出和过程变量同时达到极值（波峰或波谷），即两者同相位振荡，通常是由比例增益过强引起的。比例作用太强引起的振荡可以总结为：

波峰波谷同时刻，升降同时同拐点；
波动周期都一样，静态偏差没法办。

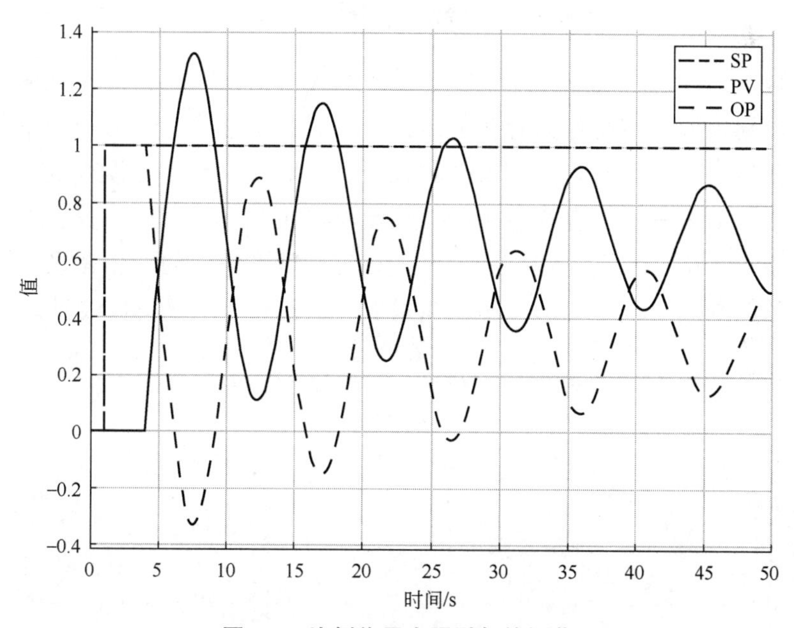

图 5-3　比例作用太强引起的振荡

如图 5-4 所示，过程变量与控制器输出在明显不同的时间点达到波峰或波谷，即两者异相位振荡，则可能是积分作用太强引起的。积分作用太强引起的振荡可以总结为：

极值中间同时刻，此消彼长异相位；
积分作用适当用，消除余差不波动。

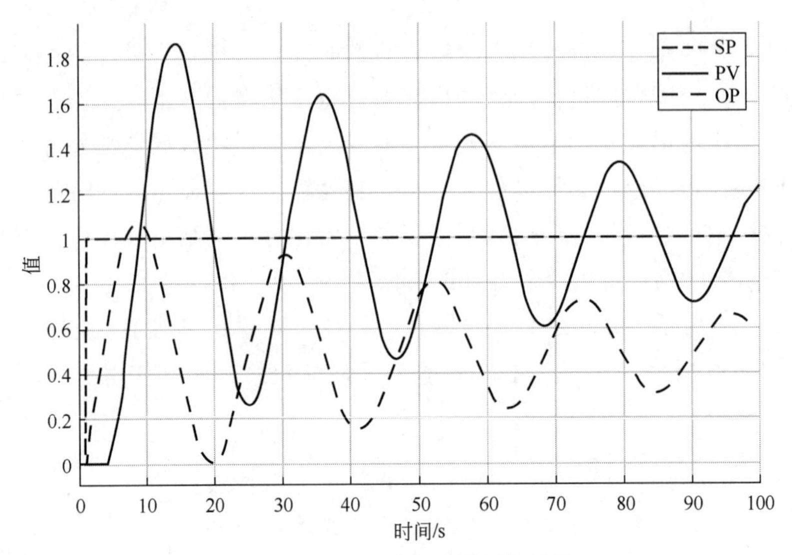

图 5-4　积分作用太强引起的振荡

如图 5-5 所示，如果过程变量呈方波形式振荡，而控制器输出呈锯齿形状振荡，原因很可能是阀门存在非线性，如黏滞或静摩擦。另一个原因可能是控制器输出达到饱和点，例如全关或全开。如果调节阀上没有定位器，也可能存在滞后问题。当存在滞后时，控制器输出上升，阀门位置可能偏低，但控制输出下降，阀门位置可能偏高。在这些情况下，问题出在设备上而不是控制器参数。一般来说，当过程变量振荡但形状不是平滑曲线时，很可能

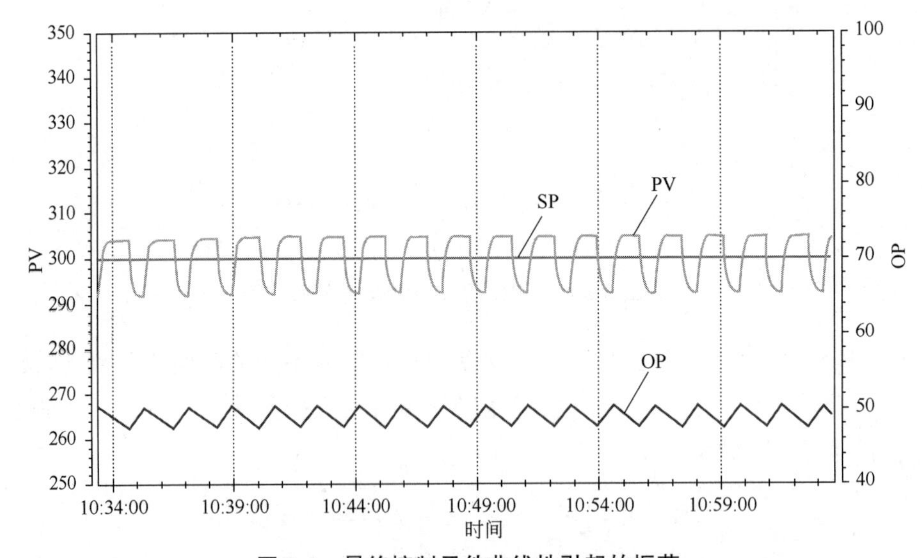

图 5-5　最终控制元件非线性引起的振荡

是设备问题。这种情况下首先应该对设备进行维修减少非线性。如果控制器输出和过程变量的动态特性比较缓慢，通过和更快的副过程变量组成串级控制，也可能显著改善控制性能。

5.4 PID 参数整定实例

用经验法整定PID控制器参数又称为试凑法，是应用最为广泛的一种PID控制器参数整定方法。试凑法是通过模拟或实际的闭环运行情况，观察系统的响应曲线，然后根据各 PID 参数对系统响应的大致影响，直接对控制系统反复、逐渐试凑参数，以达到满意的响应，从而确定 PID 控制器参数的过程。

尽管试凑法整定很流行，但它只能作为不得已的手段并不推荐经常使用。在实际工作中，通过观察系统的响应曲线获得对控制系统的深刻认识并发现问题，也是过程控制工程师需要掌握的技能，这和试凑法关系不大。

5.4.1 读懂设定值阶跃响应曲线

图 5-6 是一个控制回路的设定值阶跃响应趋势图，也是在进行控制回路优化时常用的设定值阶跃响应趋势图。这类趋势图一般要包括设定值、过程变量、控制器输出三根曲线，这个设定值阶跃响应趋势图蕴含着很多信息。

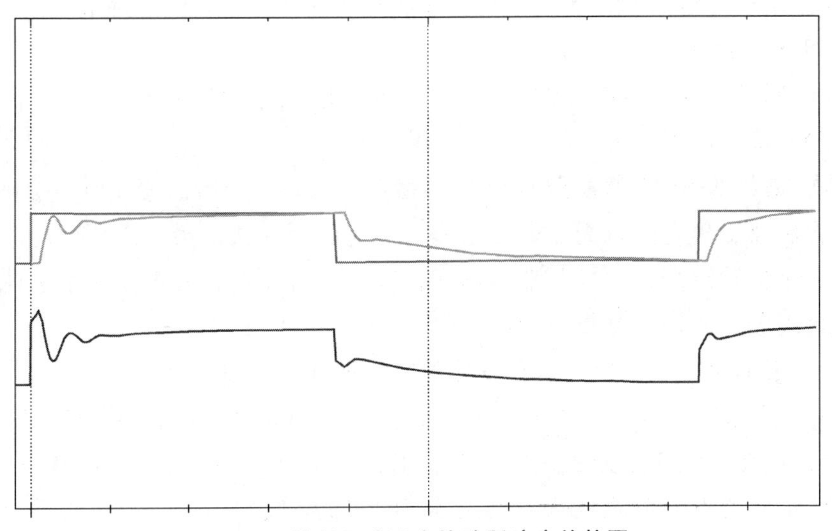

图 5-6 控制回路设定值阶跃响应趋势图

① 区分过程变量、设定值和控制器输出。图中都是平直变化的线肯定是设定值。剩下的两条线中，在设定值阶跃变化时首先变化的线是控制器输出，另外一条平滑变化的就是过程变量。

a. “靠近的两条线是设定值和过程变量，其中平直的折线是设定值，平滑的曲线是过程变量。”这种说法是错误的，因为常见的控制系统每条曲线都可以设置独立的显示范围，靠近的两条线可能是曲线显示设置造成的。

b. PID 控制算法形式不同时，在设定值阶跃变化时，控制器输出可能也没有快速变化，但是一定是控制器输出先变化过程变量才开始变化。

② 该控制回路处于闭环自动控制模式，设定值阶跃变化时控制器输出会相应变化。如果控制回路处于手动控制模式，则设定值不跟踪时设定值直线不变或者设定值跟踪时设定值和过程变化重合。

③ 设定值阶跃变化平直，该回路应该是主回路或者是单回路。

④ 控制器输出减少时过程变量减少，所以被控对象正作用。由于控制器作用要是被控对象的镜像，所以控制器反作用。

⑤ 该控制器是标准 PID 形式。设定值阶跃变化时控制器输出由于偏差突然变化，控制器输出会快速变化。如果是比例微分先行或者比例先行，则偏差突然变化控制器输出不会快速变化。

⑥ 被控对象是个自衡对象。因为设定值阶跃变化稳定后，控制器输出的稳态值发生了大的变化。

⑦ 由于设定值阶跃变化的响应曲线有明显变化，在设定值阶跃变化之间肯定调整了 PID 参数。

⑧ 通过试凑可以改善控制回路的性能，但是最优的 PID 参数可能需要多次试验验证才能得到。

⑨ 最终的 PID 参数更合理。因为最后一次设定值阶跃变化时，控制器表现为控制器输出有超调无振荡，过程变量无超调，接近最佳闭环性能。而第一次设定值阶跃变化，控制器输出有振荡，过程变量也有振荡。由于曲线还有拖尾现象，所以积分作用也不够强。

⑩ 根据第一次设定值阶跃变化的响应曲线，可以发现：

a. 由于控制器输出有振荡，而且同相位，所以控制器的比例作用太强了；

b. 虽然过程变量振荡，但是看起来有拖尾现象，积分作用还是弱。

整定后的设定值阶跃响应见图 5-6 的右侧。根据闭环响应曲线进行分析并整定，有时候也能得到满意的控制性能。根据响应曲线对正在使用的控制系统进行判断并整定，是试凑法 PID 参数整定的主要应用场景。如果控制系统从来没有投用过，由于试凑法效率太低，不建议使用试凑法进行 PID 参数整定。

5.4.2 流量控制回路 PID 参数整定

在工业生产过程中，被控对象除了有惯性滞后外，往往不同程度地存在纯滞后。当纯滞后时间 τ 与被控对象时间常数 T 之比 $\tau/T \geqslant 1$ 时，被控对象被称为大纯滞后对象或纯滞后主导对象。纯滞后和时间常数的比值大才是大纯滞后对象，纯滞后时间大不一定是大纯滞后对象。

流量是过程控制中数量占比最大的重要工艺参数。使用调节阀控制流量时，被控对象的时间常数往往都比较小，此时如果整个过程中存在纯滞后导致 $\tau/T \geqslant 1$，那么这个流量被控对象就是一个大纯滞后对象。

和流量类似的自衡对象控制回路进行参数整定时，首先整定比例增益以保证基本的稳定性，然后加必要的积分时间以消除余差，在大部分情况下这种方法很有效。使用 Lambda 整定方法对大纯滞后被控对象的 PID 参数进行整定，我们有一个普遍的流量控制回路 PID 推荐参数。

图 5-7 是一个典型的流量控制回路开环阶跃响应曲线。从响应曲线可以看出，由于流量被控对象的时间常数非常小，这个流量就是一个大纯滞后对象。

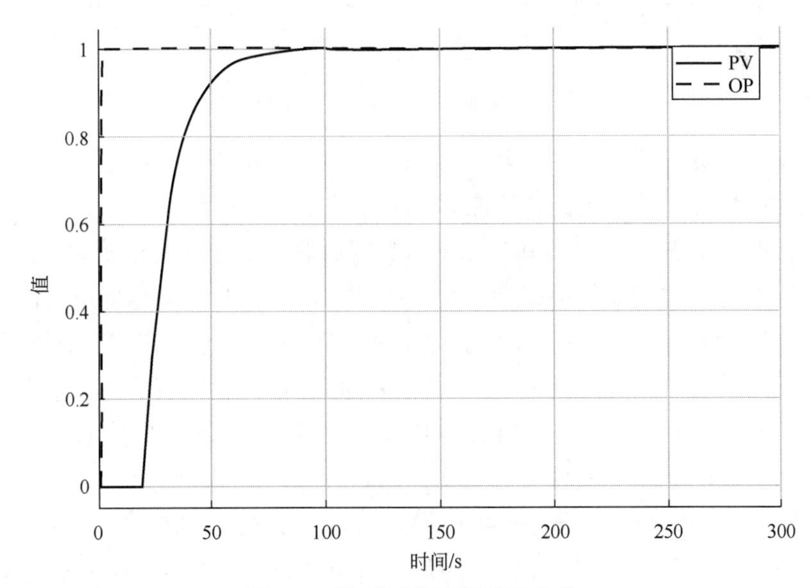

图 5-7　流量开环阶跃响应曲线

有些集散控制系统默认的 PID 参数为 1/20/0[比例增益/积分时间（s）/微分时间（s）]。很多流量控制回路都能直接使用该参数进行控制，但是对于上面的流量被控对象，控制回路采用默认参数时，其设定值阶跃响应如图 5-8 所示。同相位振荡非常明显，响应曲线说明比例作用太强了，这和被控对象的纯滞后时间有关。纯滞后时间与时间常数的比越大比例增益应该越小，否则容易导致同相位振荡。

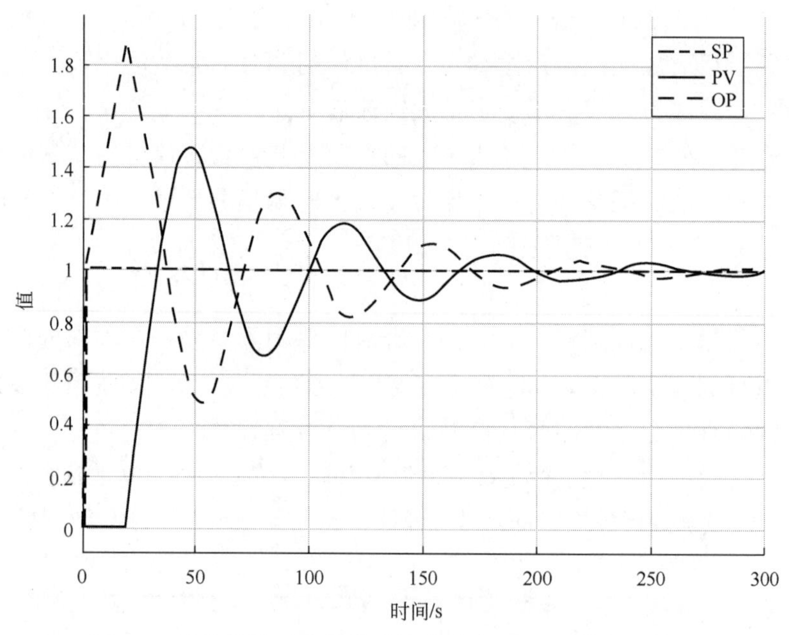

图 5-8　流量被控对象使用默认参数（1/20/0）的控制性能

这说明在这种情况下，即使对流量控制回路采用默认参数也不能取得令人满意的控制性能，还是要根据被控对象的特性合理选择参数。为了控制这类快速对象，推荐的 PID 参数为 0.25/15/0。针对过程控制中常见的流量控制回路，使用这一参数的控制器的鲁棒性会得到改善，同时控制性能也能令人满意。

流量控制回路使用弱比例、强积分的 PID 参数，适用范围更宽、控制器鲁棒性更好，是一种综合考虑了可能存在的大纯滞后特性的合理选择。针对这个流量控制回路使用推荐的 PID 参数，其控制性能如图 5-9 所示。

使用推荐的 PID 参数的流量控制回路更鲁棒，能适应更大的纯滞后时间对流量控制回路的影响。如果对流量控制的响应速度要求不高，推荐 PID 参数适用范围更广。如果对流量控制回路的性能有更高要求，例如流量控制回路作为串级控制的副控制回路，则要进行开环阶跃测试并用 Lambda 方法进行整定。

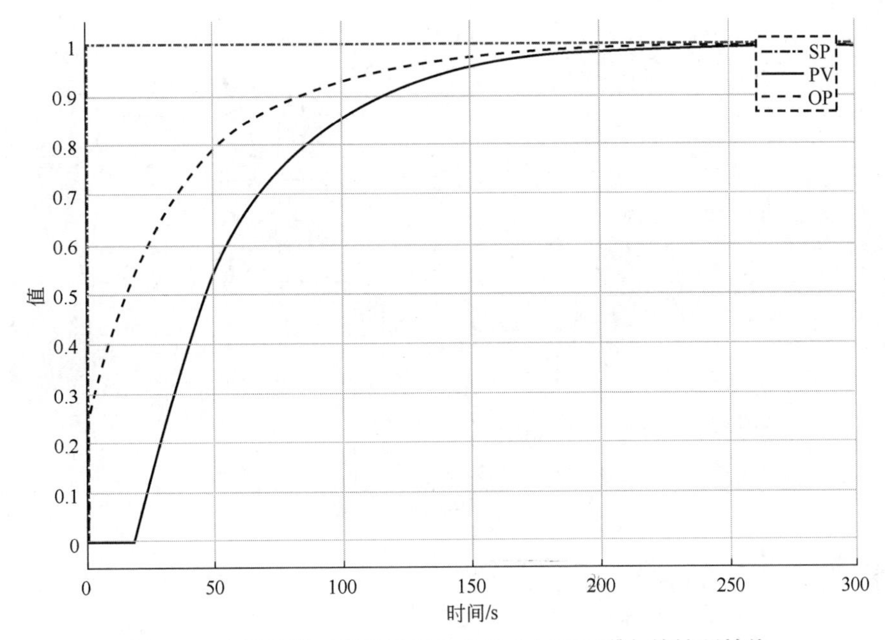

图 5-9 流量被控对象推荐默认参数（0.25/15/0）的控制性能

最优的 PID 参数要综合考虑控制回路的特性和控制要求，基于 Lambda 整定方法给出。

5.4.3 比例增益严重依赖于量程

对给定偏差，PID 控制器计算的控制器输出与过程变量和控制器输出的量程相关。如果不知道这个技术细节，就会不愿意接受更大但正确的比例增益。

PID 控制器的比例增益没有单位，所以被控对象的增益也要相应地做无单位处理。过程工业常见的压力一般有非常精确的控制要求，这种情况下压力的波动范围要显著小于其量程。无单位处理后，被控对象的无单位增益会特别小。为了实现精准压力控制，PID 控制器需要更大的比例增益。

如图 5-10 所示塔压控制，采用分程控制策略。当压力高于设定值时，关闭补充氮气，通过放空进行控制；当压力低于设定值时，关闭放空，通过补充氮气进行控制。初始控制器比例增益为 0.2，操作员一直反映该控制回路调节的速度太慢，经常需要人工干预。重新整定后，将控制器比例增益增加到 10，控制作用增加了 50 倍，整定后控制性能明显改善。在实践中也有压力控制回路的 PID 比例增益甚至达到了 100。

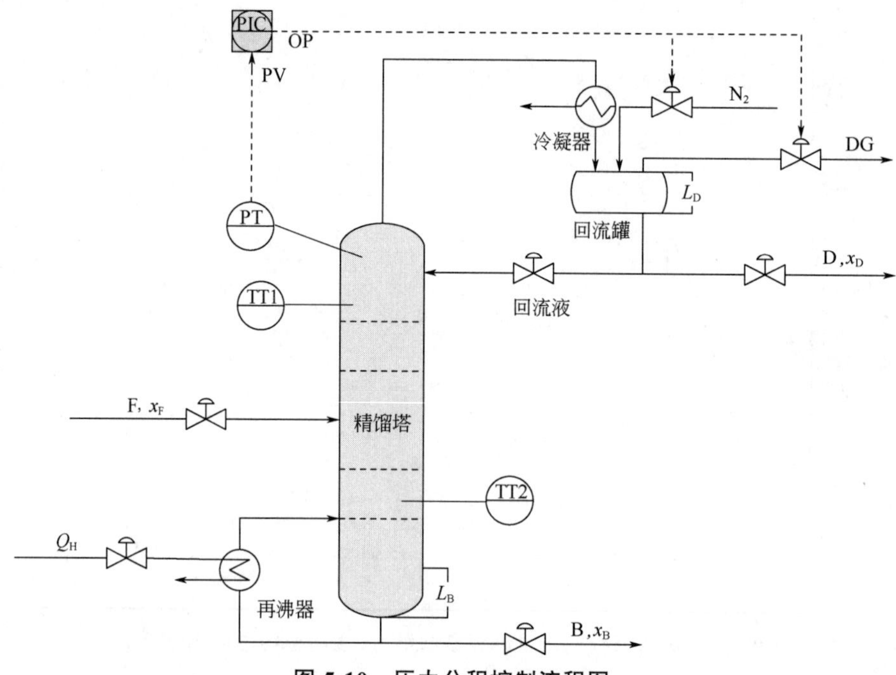

图 5-10　压力分程控制流程图

过程变量和控制器输出的量程是合理设置 PID 控制器比例作用的重要影响因素。考虑量程后，比例增益特别大的一般都在压力控制回路，设计合理的流量控制回路考虑量程后过程增益接近 1。

5.4.4　液位控制误区

液位控制回路在工业过程中很常见。一般液位被控对象都是积分过程，针对具有积分特性的液位的 PID 控制器参数整定存在两类常见错误：

（1）液位纯比例控制有余差

液位纯比例控制存在余差。在积分过程中，有人认为被控对象本身已经有积分作用了，所以推荐纯比例控制。实际上，即使是积分对象使用纯比例也存在余差。

从前面的图 4-24 和后面的附录可知，如果积分对象的扰动来自输入端或者扰动对过程变量的模型也有积分特性，则纯比例控制有余差。反应器液位的余差会导致反应物料停留时间的变化，应该尽量避免。即使不是反应器液位，如果控制系统始终达不到设定值，说明控制系统没有满足控制要求，这种情况也应该避免。所以即使存在超调甚至振荡的风险，具有积分特性的被控对象也要使用比例积分控制。

（2）液位 PID 控制回路等幅振荡

一般液位被控对象都是积分过程，按自衡对象设置的 PID 参数很容易导致如图 5-11 所示的等幅振荡。

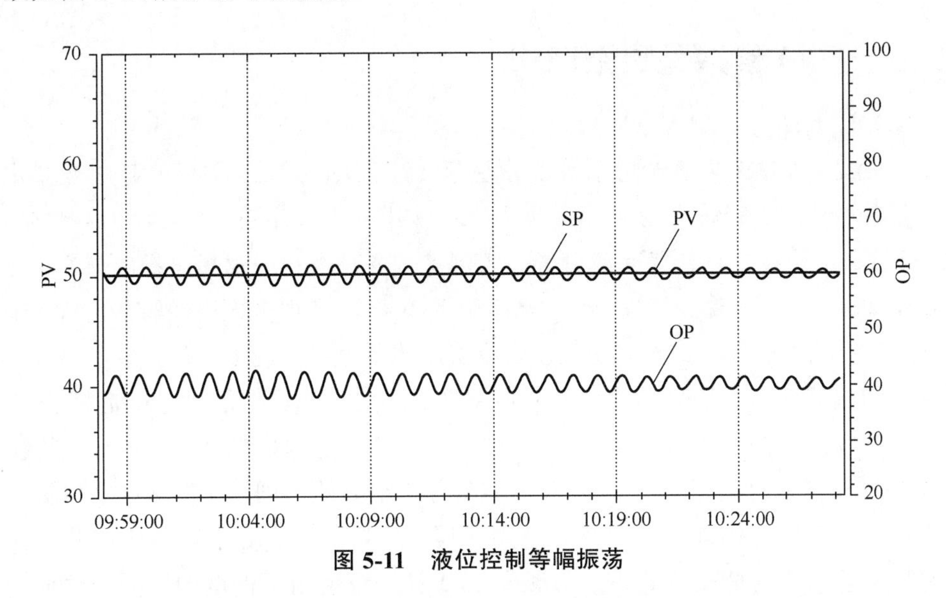

图 5-11 液位控制等幅振荡

液位测量值围绕设定值振荡的同时，控制器输出也大幅度振荡，并传导给下游装置引起整个系统的振荡，这是液位控制回路常见的另一类问题。任何情况下等幅振荡都说明控制回路有问题应该尽量避免。

当遇到这种情况时，可以按 Lambda 整定方法进行模型测试和参数整定，也可以按下面的步骤解决：

① 首先分析振荡曲线的特性。当振荡曲线是不太平滑的方波或者锯齿波时，振荡的根源更可能在最终控制元件。建议手动对最终控制元件进行不同幅度不同方向的测试，以确认其控制精度和非线性，如有问题及时处理。

② 振荡曲线非常平滑时，可以将该控制回路控制模式设置为手动并观察液位的趋势。如果振荡没有消失，则可能是其他相关控制回路的振荡引起的，建议先从其他控制回路入手进行优化。当存在周期性干扰时 PID 参数整定效果不明显。

③ 当振荡曲线平滑而且手动时振荡消失，则一般是 PID 参数的问题。液位控制回路由于 PID 参数引起的回路振荡的原因包括：a. 比例作用太强；b. 比例增益和积分时间的乘积太小。如果过程变量和控制器输出是同相位振荡，则可以将比例增益除以 3 并保持比例增益和积分时间的乘积不变，即积分时

间同时乘以 3。如果过程变量和控制器输出是明确的异相位振荡，则可以将比例增益翻倍同时积分时间乘以 3。参数修改后等待 2 个以上的振荡周期，如果还是振荡，可以根据曲线形状再做一次修改。

5.5 PID 参数整定新口诀

在江湖上每个人都希望拿到武林秘籍，练成绝世武功。关于 PID 参数整定一直流传着一首口诀："参数整定找最优，从小到大顺序查；先是比例后积分，最后再把微分加；曲线振荡很频繁，比例度盘要放大……理想曲线两个波，前高后低四比一；一看二调多分析，调节质量不会低。"很多人用经验法进行 PID 参数整定时将这首口诀奉为圭臬。该口诀流传至今已有几十年了，最早出现在 1973 年出版的《化工自动化》一书中，之后又对口诀进行了补充和完善。

1973 年还是气动仪表的时代，距离 1942 年大名鼎鼎的 ZN 整定方法提出才过去 30 年。当时的条件和认识和现在有非常大的不同，直接从这个口诀获得 PID 参数整定的知识并不完全适用于现场实际工作。在气动仪表时代使用比例度盘，这也是在控制系统中很多 PID 算法还使用比例度的原因，这属于典型的路径依赖。

由于更关注控制回路的抗扰能力，设定值阶跃变化时过程变量响应还是以 1/4 衰减振荡为最优。但是现在一般认为 1/4 整定方法得到的控制器鲁棒性差，而且设定值阶跃响应会衰减振荡，所以不是过程控制的理想控制目标。

在控制系统等计算机高精度控制普及应用、控制理论发展完善、工艺过程日趋复杂的今天，这首口诀已经不能满足 PID 工程整定的要求，盲目地按口诀使用经验法进行整定，往往取得不了太好的效果。

根据工艺过程特点，基于被控对象的特性，采用 Lambda 方法，用科学化、系统化、规范化和工程化的方法进行 PID 控制回路整定，才能充分利用工厂的控制资产，满足当前的控制要求，同时提高装置的生产效益和运营效率。

很多资料里对流量、液位、压力、温度等不同被控对象提供了 PID 控制器的推荐参数。实际上在负反馈闭环控制中，很多 PID 参数都能满足控制要求，但是只有根据被控对象特性设置合理的 PID 参数，才能兼顾控制性能和鲁棒性。使用默认初始参数控制回路能正常工作主要是负反馈的功劳，最优的控制器参数要根据被控对象特性和控制要求来确定。而且由于被控对象特性随装置运行可能发生比较大的变化，所以也不能拘泥于初始参数而是要根据被控对象模型和控制要求进行合适的整定才能持续地取得好的控制效果。例如，同样是温度控制，网上很多文献都给出了推荐参数，但是实际上换热器温度、加热炉出口温度、夹套式反应器温度、精馏塔灵敏板温度的动态特性显著不同，使用的PID参数也有非常大的区别。网上根据被控对象类型给出推荐参数的方法明显不科学。

为了方便大家理解PID参数整定的相关知识，我们尝试重新整理了一个新的PID参数整定口诀。

控制方案很重要，回路整定要搞好；
比例积分作用大，特况再把微分加。
既要跟踪又抗扰，控制强度不能小；
要想超调无振荡，控制作用切勿强。
自衡对象积分定，比例作用适当动；
非衡对象积分弱，比例作用不能过。
开环测试得模型，控制参数公式定；
方法虽好干扰多，闭环阶跃不可缺。
手动不稳有外扰，自动振荡内部找；
同相振荡比例降，异相振荡积分削。

现在按总体、要求、方法、过程、经验分成五部分分别进行解释说明。

控制方案很重要，回路整定要搞好；
比例积分作用大，特况再把微分加。

总体：PID参数整定和控制方案设计是解决过程控制问题必须掌握的两项技能。大部分过程使用比例积分控制器即可，如果过程有发散、欠阻尼等动态特性，使用微分会获益。

既要跟踪又抗扰，控制强度不能小；
要想超调无振荡，控制作用切勿强。

要求：一个控制回路要关注设定值跟踪能力和干扰抑制能力，控制器的控制作用要合适。控制作用太强则系统振荡，反之控制作用太弱则设定值跟踪能力和干扰抑制能力不足，这两种情况都不能满足控制要求。最强控制作用为过程变量有超调无振荡，当然考虑到系统相互影响和优先级，也可能不需要最强控制作用。

自衡对象积分定，比例作用适当动；
非衡对象积分弱，比例作用不能过。

方法：自衡对象最优 PID 参数的积分时间等于被控对象的时间常数，比例作用由被控对象增益、时间常数、纯滞后时间和期望的闭环时间常数 λ 一起决定。积分对象最优 PID 参数的比例增益和积分时间的乘积要足够大才能不振荡，积分对象的比例作用受到被控对象纯滞后时间和动态特性的影响有上界，超过了就会振荡。

开环测试得模型，控制参数公式定；
方法虽好干扰多，闭环阶跃不可缺。

过程：开环做阶跃测试，根据响应曲线确定控制模型，然后根据控制模型和期望闭环时间常数 λ，用 Lambda 整定公式确定 PID 参数。由于模型可能失配和 PID 参数可能变化很大，推荐控制回路切换到自动模式后进行设定值阶跃测试。

手动不稳有外扰，自动振荡内部找；
同相振荡比例降，异相振荡积分削。

经验：如果控制回路振荡，首先要看手动模式时是否继续振荡。如果继续振荡，要找到振荡源并进行处理。如果手动模式时不振荡，则是控制回路自身的问题引起的。控制回路自身引起的振荡，要根据振荡的波形判断引起振荡的原因：控制器输出和过程变量同相位振荡是比例作用太强的表现，异相位振荡是积分作用太强的表现，如果响应曲线的形状不是平滑曲线而是方波或锯齿波，则说明最终控制元件有非线性特征。

5.6 控制回路整定优化流程

控制回路整定优化是指根据所用 PID 算法、开环过程特性和期望闭环响应速度来确定 PID 参数的过程。控制回路整定优化，能改善控制回路的性能，实现装置更安全、更高效的运行。很多工程师往往采用试凑法进行控制回路整定优化，但试凑法效率很低，并且很少能获得真正的最优性能。虽然 PID 参数整定非常重要，但是 PID 参数整定只是控制回路优化过程中的一部分工作。通过斯穆茨提出的控制回路优化最佳实践，可以系统且有效地进行控制回路整定优化。

（1）了解过程

人们往往很想通过 PID 参数整定来解决所有过程控制问题，而不考虑更广泛的工艺和设备改造。因为过程控制问题的根源可能在工艺或设备，所以实际上 PID 参数整定甚至包括控制方案设计仍不能解决所有问题。过程知识可提供有关控制目标、闭环响应速度、要执行的诊断测试以及进行整定的过程条件的指导。了解过程需要知道的信息包括：过程类型（自衡或积分）、纯滞后时间和时间常数的比、过程增益或动态特性是否会在不同的操作条件下发生变化、所使用的最终控制元件的类型及其特性、过程干扰有哪些以及是否可测、过程变量超调或者快速变化的控制器输出可能会产生的负面影响等。

（2）确定控制目标

需考虑以下几点：控制回路应快速控制还是需要缓慢控制？是否允许超调？控制器输出是否可以大幅度变化？控制器设定值是否经常变化？回路是否必须克服过程干扰？控制目标将决定 λ 的选择。控制目标可以是快速的设定值跟踪或干扰抑制、设定值阶跃响应无超调、对设定值阶跃变化的特定过程响应、最小控制器输出变化以及控制器输出没有超调等。

（3）检查控制策略

借助管道仪表图检查控制策略设计是否支持以上确定的控制目标？是否需要并正确应用串级、前馈、超驰、分程、阀位等复杂控制策略？有耦合控制回路吗？如果是这样，如何处理？在干扰、非线性等千差万别的广泛过程中，控制策略应支持控制目标。例如，如果实际需要比值控制，那么简单的反馈控制回路的控制性能会很糟糕。使用串级控制时，副回路应整定得比主回路快得多，否则串级控制容易因为耦合而振荡。干扰如果能通过中间过程变量稳定被克服，则考虑使用串级控制，否则应使用前馈控制来补偿。涉及自由度处理时也许超驰控制和阀位控制才是正确选择。如果复杂控制策略设计正确会有助于提高控制回路的稳定性和响应速度。反之，情况则相反。判断控制策略是否合理是控制回路优化的关键步骤。

（4）现场检查

检查过程设备以及仪表和最终控制元件（例如调节阀、挡板或调速泵）的状况和位置。需要确认一切状况都良好且安装正确。确保过程测量满足需求。变送器的量程是否合适？这是针对当前条件的最优传感技术吗？根据设备大小，能够大致了解该过程对控制器输出变化的响应速度有多快。这些知识有助于阶跃测试和对控制模型形成初步判断。

（5）评估滤波的使用

检查是否正在使用变送器或过程变量滤波。如果需要应在控制系统中进行滤波，以简化其整定而且更换变送器时不需要考虑设备本身的滤波。检查过程变量的时间趋势，并确定是否需要滤波以及需要多少滤波。如果滤波则应检查其滤波时间，以确保其设置适当且显著小于主过程时间常数。有时候滤波时间可以设置得比较大，判断滤波时间是否太大的准则是：使用滤波后是否可以使用更强的 PID 参数。如果滤波时间很大同时 PID 参数还是不能改善，则可能是传感器或者控制方案有问题。

（6）测试最终控制元件

最终控制元件工作不正常会根本性损害控制回路性能，并可能影响对 Lambda 整定方法的信心。典型的最终控制元件问题包括死区、静摩擦、流体非线性特性和定位器等。这些问题可能看起来与整定问题非常相似，但如果问题出在最终控制元件上，一个不了解情况的过程控制工程师可能会花费很多时间进行徒劳的整定。在尝试进行任何整定之前，应进行一些简单的过程测试以检测和诊断最终控制元件问题。为了获得最优控制性能，必须首先解决这些问题。同样，最终控制元件的问题可能会严重影响阶跃响应曲线，并导致计算出错误的 PID 参数。

（7）查看控制器配置

控制器提供了多种选择，可以针对各种情况优化其性能。即使操作员突然修改设定值，也可以在内部对设定值进行爬坡调整或滤波以获得平滑的控制响应。采用比例和微分先行，则设定值阶跃变化与比例和微分控制模式无关。在整定控制器之前，应检查控制器算法和选项。有的控制系统提供两自由度 PID，这增加了参数整定的灵活性。PID 控制器如果没有正确配置，很可能会出错。错误配置可能会对控制性能产生重大影响。这些配置的正确设置，要求既对 PID 控制器的功能熟练掌握，也要对控制目标和控制策略有很好的理解，控制系统虽然提供默认参数，但许多默认值是不可接受的，需要缜密设置。

（8）选择合适的 λ

与普遍的看法相反，PID 参数整定是科学而不是艺术。通过在控制器输出中进行阶跃变化，并从所得到的过程响应曲线中进行测量来确定过程特性，再根据控制目标、过程特性和 Lambda 整定方法，快速而准确地完成 PID 参数整定。尽管试凑法整定很流行，但它只能作为不得已的手段使用，例如过程非常易变，以致无法获得可用的阶跃响应曲线。作为通过阶跃响应曲线手动计算 PID 参数的替代方法，回路整定软件提供了许多有用的功能，例如过程特性的辨识、针对不同整定目标产生整定参数、提供预期回路响应的仿真、分析控制回路的鲁棒性等。但是，整定软件只是一种工具，擅长使用阶跃响应曲线和整定方法手动整定控制器的人可能也会发现：整定软件很难使用。

（9）通过多次阶跃测试进行模型辨识

模拟仿真时都是 100%可重复的，但实际过程却并非如此。过程干扰、相互耦合的控制回路、非线性和运行条件都会影响过程特性。如果由于某种原因过程响应不正常，则仅根据一次阶跃测试进行的整定可能会导致控制性能不佳，必须进行多次阶跃测试，以获得过程特性的“平均”测量值，并了解它们在正常条件下会发生多少变化。

（10）适应非线性和变化的过程特性

安装的最终控制元件的特性通常不是线性的。此外，许多工艺的特性会在不同的工艺条件（产量、设备、催化剂浓度、pH 等）下发生变化。调节阀和挡板可能必须使用定位器进行线性化。变化的过程特性可能需要持续整定控制器参数。

（11）验证并测试新值

将新计算出的 PID 控制器参数与已有参数进行比较，并确保参数的较大变化都合理且恰当。实施并测试新的 PID 控制器参数，确保整定的控制器与所控制的过程动态协调一致，并满足控制回路的总体控制目标。首先，让控制回路稳定下来并评估其在稳定条件下的性能。控制回路振荡吗？控制器输出是否变化太大？如果控制回路需要频繁调整设定值，应进行设定值阶跃变化，并查找是否有不必要的超调、振荡或控制器输出变化过大等。如果控制回路用于克服干扰，则将控制器短暂地置于手动状态，将输出更改几个百分点，然后立即将控制器置于自动状态，这个过程模拟了干扰的出现，然后检查是否有不必要的超调、振荡，或控制器输出变化过大。整定后几天，要定期监视控制器的性能，以验证在不同过程条件下的性能提升情况。

（12）控制器输出卡限

为了确保控制回路能安全运行，如有安全方面的限制可以进行控制器输出卡限。控制器输出卡限一般不是操作员的权限，频繁修改控制器输出卡限是控制方案或 PID 参数有问题的表现。

（13）保留记录

记下以前的 PID 控制器参数、新参数以及更改的日期和时间。应保留所有控制回路更改的电子或纸质记录。将原来的 PID 控制器参数留给操作员，避免操作员想恢复到原来的参数时找不到的情况。

如果新参数不起作用，则可能错过了上述控制回路整定优化流程的一步或多步工作。如果遵循这些做法无法实现期望的控制目标，则可以考虑将控制方案设计变更或者将模型预测控制作为可能的解决方案进行研究。最后，最昂贵的选择是维修或更换工艺设备，但这一般很少需要。在大多数情况下，遵循上述流程就能解决控制回路存在的问题。“大多数控制问题实际上都是工艺问题。” 如果工艺和设备有问题，则控制回路优化的努力也可能没有效果，“如果手动不行，自动也不行”。

5.7 λ 选择准则

期望闭环时间常数 λ 的选择随控制回路及其在整体控制策略中的作用而有所不同。选择期望闭环时间常数 λ 的常见依据，包括：

① 在确保鲁棒性和防止过度振荡的前提下，使控制回路尽可能快；

② 使串级副回路的响应速度快于串级主回路；

③ 使控制回路的响应速度与平行的另一个控制回路完全相同；

④ 使控制回路的响应速度慢于通过该过程耦合的另一个更重要控制回路的响应速度，以实现解耦；

⑤ 选择与随机干扰噪声匹配的期望闭环时间常数，以使波动最小。

虽然我们已经提供了常规控制回路的 λ 整定方法，但是在很多更具挑战的情况下，根据不同控制目标仍需要选择不同的 λ。表 5-1 汇总了不同情况下建议的期望闭环时间常数 λ。

表 5-1　建议的期望闭环时间常数 λ

过程挑战	要求	λ 选择
需要最小的过程变量波动	控制回路快速响应；波动转移到输出	$\lambda=\tau$
现有整定振荡	一阶设定值响应或关键抑制干扰响应	$\lambda=3\tau$
串级组态	副回路响应必须比主回路快	$\lambda_{主}=3\lambda_{副}$
多物料进入混合系统	所有物料对流量控制的响应速度相同	$\lambda_1=\lambda_2=\lambda_3$
物理耦合或互相影响过程	回路动态解耦	$\lambda_{慢}=3\lambda_{快}$

6 复杂控制

PID

6.1 概述

到目前为止，我们只讨论了一个过程变量、一个控制器和一个最终控制元件的单回路控制问题。典型的过程控制方案要复杂得多，有多个过程变量、多个控制器或者多个最终控制元件。自下而上模块化方法是设计这类系统的一种方法。在这个过程中，控制方案是由简单的基础模块组成的。控制方案通常在集散控制系统中实现，集散控制系统的软件通过选择和连接基础模块来进行组态。本章将介绍构建复杂控制方案所需的基础模块和指导复杂控制方案设计的基本准则。

一组控制方案用于从简单的基础模块构建多变量复杂控制方案。反馈是最重要、最基本、最核心的控制策略。简单的反馈控制回路用于保持过程变量不变或使过程变量以特定的方式变化。反馈控制的主要作用是确定操纵变量的大小以将过程变量控制在设定值。本章我们将讨论其他控制方案。

复杂控制也称为多变量 PID 控制，是在单回路控制系统的基础上，再增加计算环节、控制环节或者其他环节的基于 PID 算法的组合控制算法。包括：串级控制、前馈控制、比值控制、超驰控制、分程控制、阀位控制等。三冲量汽包液位控制、交叉限幅控制、支路温度平衡控制等特定用途的组合控制算法是专用的复杂控制。复杂控制是区别于单回路控制并为了解决现场的特殊控制要求而发展的复杂控制方案的统称。常用的复杂控制方案包括：

① 串级控制（两个控制回路嵌套）：两个过程变量，两个控制回路，只有一个控制器输出到最终控制元件，主控制器输出是副控制器的设定值，通常用于主控制器过程变量响应缓慢、副控制器过程变量响应快的过程。

② 前馈控制：通过观察情况、收集整理信息、掌握规律、预测趋势，正确预计未来可能出现的问题，提前采取措施的开环控制系统。当扰动发生变化时，前馈不等待干扰对过程变量产生影响和由此产生的偏差，按算法直接计算控制器输出并执行。干扰可以是单个测量，也可以是多个测量的计算组合。前馈控制是控制辅助算法，和 PID 类似，并常常和反馈控制组成联合控制。

③ 比值控制（两个过程变量关联）：一个控制器确定两个过程变量之间的期望比值，然后一个过程变量乘以该比率成为第二个控制器的设定值。当主过程变量改变时，主过程变量乘以比率来确定从过程变量控制器的设定值。比值控制其实属于前馈控制的一种。

④ 超驰控制（两个控制器使用一个最终控制元件）：把生产过程中对某些工艺参数的限制条件所构成的逻辑关系叠加到正常的自动控制系统上的组合控制方案。系统由正常控制部分和超驰控制部分组成，正常情况下正常控制部分工作，超驰控制部分不工作；当生产过程某个参数趋于危险极限但还未进入危险区域时，超驰控制部分工作，而正常控制部分不工作，直到生产重新恢复正常，然后正常控制部分又重新工作。这种能自动切换使控制系统在正常和异常情况下均能工作的控制系统也叫选择性控制系统，是常用的约束控制方法。

⑤ 分程控制（一个控制器同时控制多个最终控制元件）：分程控制本质上还是一个 PID 控制器，只是将控制器输出信号全程分割成若干个信号段，每个信号段控制一个最终控制元件，每个最终控制元件仅在控制器输出信号整个范围的某段内工作，它主要用于带有逻辑关系的多种控制手段而又具有同一控制目的的系统中，是为协调不同控制手段的动作逻辑而设计的。

⑥ 阀位控制（两个控制器协调控制）：也叫双重控制，指多个控制器协同工作，阀位控制的本质是改变自由度，通过“间接影响”实现多种控制手段分工合作的目标，用于解决控制系统的动特性（快速性，有效性）与经济性及合理性的协调问题。阀位控制方案赋予 PID 控制器优化协调能力。

复杂控制的大多数技术在模拟控制时代就已经出现。然而，除了偶尔出现的串级回路外，成本、可靠性等问题阻碍了它们的应用。这些复杂控制技术得到应用是在引入集散控制系统之后，在模型预测控制广泛应用之前。复杂控制的复杂性在简单 PID 控制和模型预测控制之间。复杂控制是 PID 控制算法的高级应用，在模型预测控制出现之前是解决多变量问题的主要手段。复杂控制由于不需要额外的软硬件，也是低成本解决复杂过程控制问题的有效方法。

6.2 串级控制

在单回路控制中，控制器的设定值由操作员设置，控制器输出驱动最终控制元件。如图 6-1 所示的液位控制回路中，液位控制器驱动调节阀以将液位保持在设定值。如果测量的液位高于设定值，控制器就会根据偏差做出开大调节阀的动作，并认为这一动作将相应地增加排液流量。如果测量的液位低于设定值，控制器就会根据偏差做出关小调节阀的动作，并认为这一动作将相应地减少排液流量。但排液流量是几个变量的函数，包括：

① 阀门位置；

② 静压头（液位高度）。

由于调节阀非线性，排液阀门的不同位置对液位的影响可能会显著不同，为了克服调节阀非线性，必须调整排液流量，而不是阀门位置。

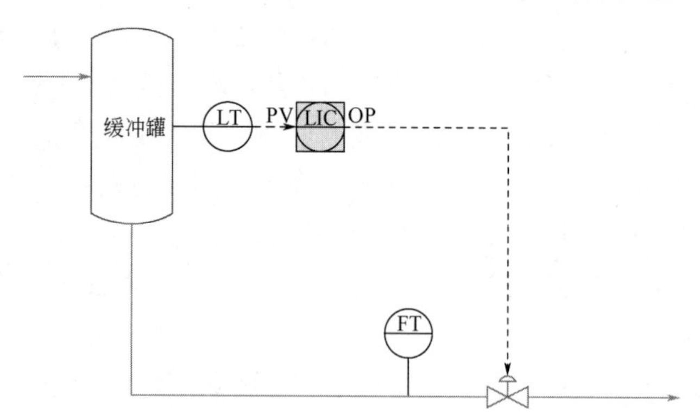

图 6-1　缓冲罐液位单回路控制

6.2.1　串级控制设计准则

在串级控制中，有两个（或更多）控制器，其中一个控制器的输出驱动另一个控制器的设定值。例如：液位控制器驱动流量控制器的设定值以将液位保持在设定值，流量控制器进而驱动调节阀以使流量与液位控制器提供的流量设定值相匹配。

表 6-1 总结了串级控制设计准则，遵守这些准则可确保串级控制设计正确，并仅在适当的情况下使用。前两项涉及串级控制的选择。当然，只有当单回路控制不能提供可接受的控制性能时，才有必要进行诸如串级控制之类的改进。单回路控制在被控对象动态速度快、纯滞后时间小、干扰小且速度慢的情况下可以提供良好的控制性能。第二个条件要求以合理的成本提供或添加可接受的副过程变量的测量。

表 6-1　串级控制设计准则

实施串级控制的条件：
① 单回路控制不能提供满意的控制性能。
② 有副过程变量的测量值
副过程变量必须满足下列要求：
③ 副过程变量必须表征重要干扰的发生。
④ 最终控制元件和副过程变量必须有因果关系。
⑤ 副过程变量动态必须比主过程变量动态快

潜在的副过程变量必须满足三个要求。首先，它必须能显示出重大扰动的出现。也就是说，每次扰动发生时，副过程变量必须以可预测的方式响应。当然，干扰必须是重要的（对过程变量有显著影响，且频繁发生），否则没必要减弱其影响。其次，副回路过程变量必须受到最终控制元件的影响。这种因果关系是必需的，这样副回路才能观测到扰动的影响并采取恰当的纠正动作。最后，最终控制元件与副回路过程变量之间的动态特性必须比其与主回路过程变量之间的动态特性快。副回路控制必须相对较快，以便在干扰影响主要过程变量之前抑制干扰。一般的指导原则：主回路期望闭环时间常数 $\lambda_{主}$ 应该是副回路期望闭环时间常数 $\lambda_{副}$ 的三倍以上。

6.2.2　串级控制方案

要实现串级控制，我们必须能够识别副过程变量。液位作为主过程变量，控制液位仍然是我们控制策略的核心设计目标。副过程变量可以选择排液流量。按串级控制设计准则：

- 排液流量已经用传感器测量；
- 控制液位的阀门（最终控制元件）也可以控制排液流量；
- 扰动影响液位控制，也会影响排液流量；
- 排液流量对阀门位置变化的响应。

图 6-2 为液位排液流量串级控制示意图。串级控制有两个控制器（液位控制器和排液流量控制器），两个测量传感器（测量液位和排液流量）和一个最终控制元件（排液管线上的调节阀）。

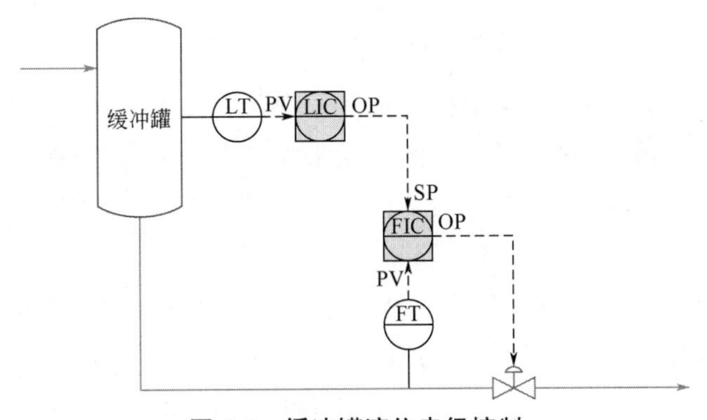

图 6-2　缓冲罐液位串级控制

驱动设定值的控制器（液位控制器）称为主控制器。接收设定值的控制器

（排液流量控制器）称为副控制器。副控制器仅控制副过程变量，形成副控制回路。主控制器控制一个由副回路和主过程变量组成的广义过程。可以明显看出，副控制器的整定会影响主控制器控制的广义过程的动态特性。所以应该从副控制器开始整定，然后将副控制器置于串级控制模式，再整定主控制器。

6.2.3 串级控制特点

串级控制有几个优点，其中大多数可以归结为将慢速控制回路与最终控制元件中的非线性隔离开。在上面的例子中，通过让快速排液流量控制回路处理这些问题，将相对较慢的液位控制回路与调节阀问题隔离开。

想象一下调节阀有一个黏滞问题，如果没有排液流量控制回路，液位控制回路将在一个长周期连续振荡，这很可能会影响下游过程。随着快速排液流量控制回路的到位，黏滞调节阀将导致其振荡，但由于调节良好的排液流量回路固有的快速动态行为，其周期要短得多（更快），对下游过程不会产生太大的不利影响。

或者想象调节阀具有非线性流量特性，这会导致控制回路不稳定。如果液位控制器直接驱动阀门，则为了保持稳定性必须要把 PID 参数整定得弱一些，这样也会导致液位控制性能非常差。在具有驱动调节阀的排液流量控制回路的串级控制方案中，排液流量回路将整定得弱一些以保持稳定性，这将导致排液流量的控制相对较差，但由于排液流量回路的动态速度比液位回路快得多，所以液位控制回路几乎不受影响。

如果副过程变量纯滞后时间较小，可以通过副回路的整定使副回路闭环响应比开环响应更快，从而改进广义被控对象的特性。主回路也可以更快地控制主过程变量。

如果有一个动态相对较慢的变量（如液位、温度、成分、湿度）并且必须操纵流量或其他一些相对较快的变量来控制，则应始终使用串级控制。例如，改变燃料气流量来控制加热炉出口温度或者改变蒸汽流量来控制精馏塔灵敏板温度。在这两种情况下，流量控制回路都应该用作串级控制的副回路。

当副回路比主回路快得多时，串级控制对进入副回路的扰动的抑制更有效。无论如何，即使在闭环时间常数比约为 3∶1 的情况下，串级控制仍能比单回路控制多抑制 50%的干扰。绝大多数情况下使用串级都能带来控制性能的改善。

串级控制有三个缺点：

① 需要额外的测量（通常是流量）才能工作；

② 有一个额外的控制器需要整定；

③ 控制策略更复杂。

这些缺点必须与预期控制改进的好处进行权衡，以决定是否应该实施串级控制。与通过适当设计的串级控制策略实现的效益相比，这些缺点并不明显。

只有当副回路的动态比主回路的动态快时，串级控制才是有益的。如果副回路不比主回路快至少三倍又没有其他特殊需求，则通常不应使用串级控制，因为控制性能改善不明显。在加热炉出口温度控制中设计为串级控制炉膛温度再串级燃料，由于燃料到炉膛温度和到出口温度的动态特性差不多，因此这是一种典型的串级控制错误设计。

当副回路没有明显快于主回路时，除了串级控制的好处减少之外，两个回路之间还存在可能导致不稳定的相互耦合的风险，特别是主回路被整定得非常快时。当副回路和主回路动态特性差不多时，主副回路要选择明显不同的期望闭环时间常数（λ），一般要求主回路的期望闭环时间常数至少是副回路期望闭环时间常数的 3 倍。

当有多个过程变量和一个最终控制元件时，可以采用多级串级控制。当控制器输出和过程变量之间存在显著的动态，例如，大纯滞后时间或大时间常数时，这种方法尤其有用。通过使用对控制器输出响应更快的中间过程变量，可以实现更精准的控制。串级控制是通过嵌套控制回路来建立的，也可以使用带有更多嵌套回路的串级控制。如果所有的状态变量都被测量了，那么就不需要再引入其他的过程变量。在这种情况下，串级控制等同于状态反馈。如图 6-3 所示，对负载扰动的响应串级控制要明显优于单回路控制。

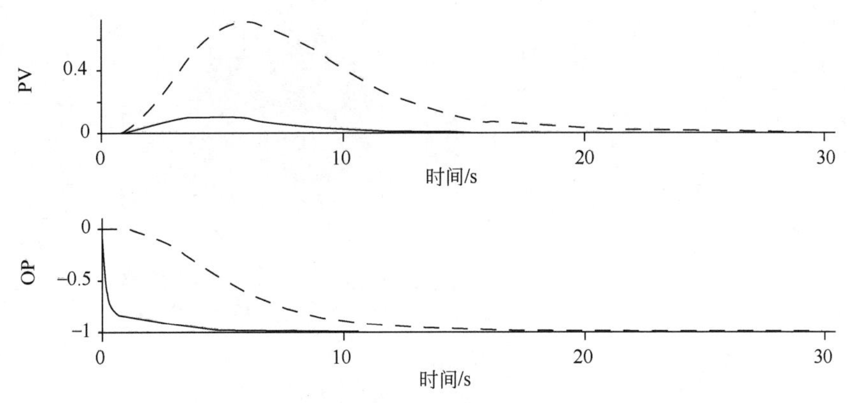

图 6-3 串级（实线）和单回路（虚线）控制系统对负载扰动的响应

6.2.4 串级控制应用

串级控制是一种利用额外测量值来提高控制性能的有效控制策略。下面介绍一些串级控制应用案例。

（1）阀门定位器

图 6-4 所示阀门定位器是一种通过比较阀杆位置与控制输出的偏差来调节执行机构隔膜或活塞的压力，直到达到正确的阀杆位置的运动控制装置。带定位器气动阀的控制回路是一种非常常见的串级控制回路。副回路减小了气动系统中的压力变化和各种非线性对主过程变量的影响。

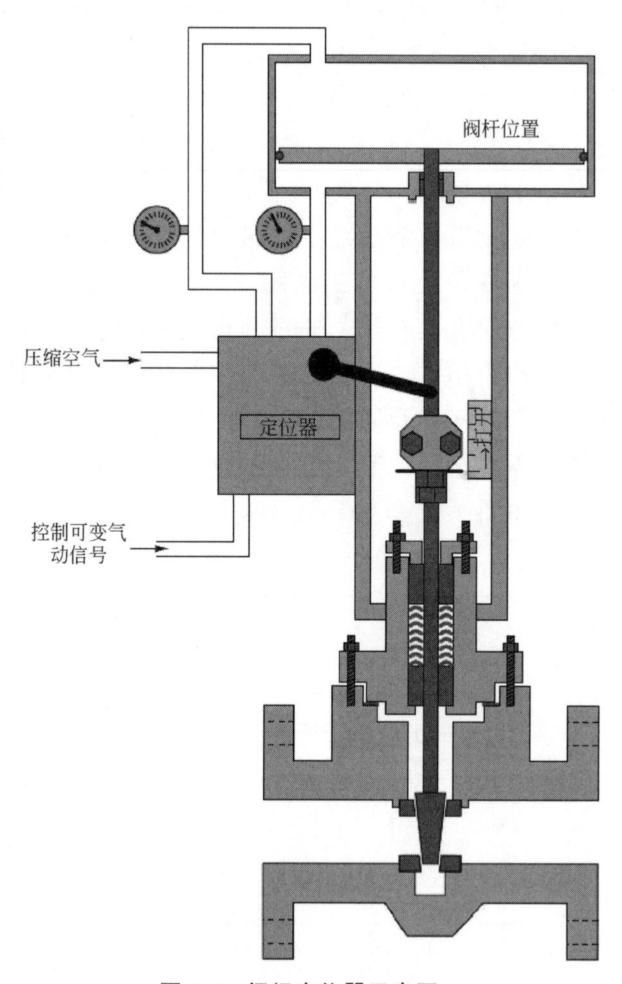

图 6-4　阀门定位器示意图

定位器本质上充当副回路，阀门的阀杆位置是副过程变量，向定位器发出的指令信号是设定值，定位器向阀门执行器发出的信号是操纵变量或控制器输出。因此，当过程控制器向配备定位器的阀门发送指令信号时，定位器接收该指令信号，并根据需要向执行器施加尽可能大或尽可能小的气压，以实现所需的阀杆位置。因此，定位器将克服干扰确保调节阀性能优良并服从指令信号。

带阀门定位器的气动调节阀是过程控制中最常用的最终控制元件，所以可以说“无处不串级”。很多人对如何整定串级控制非常困惑，但是实际上整定的每个控制回路都是串级控制的主回路，为什么在实际工作中我们从来没有为此感到困惑呢？这主要是副回路的闭环特性要比主回路的闭环特性快很多，根本不需要考虑副回路的影响，而且在进行主回路 PID 参数整定时广义被控对象已经包括了副回路的闭环特性。串级控制 PID 参数整定只要注意主副回路合理地选择 λ 即可。

（2）换热器

换热器控制系统的目的是通过改变蒸汽调节阀来控制出口温度，图 6-5 所示的控制系统采用串级控制。副回路是蒸汽流量控制系统，主回路的控制器输出为蒸汽流量控制器的设定值。副控制器减小了阀门的非线性以及蒸汽流量和蒸汽压力扰动对出口温度的影响。一般说来，串级控制总可以带来比单回路更优的控制性能。

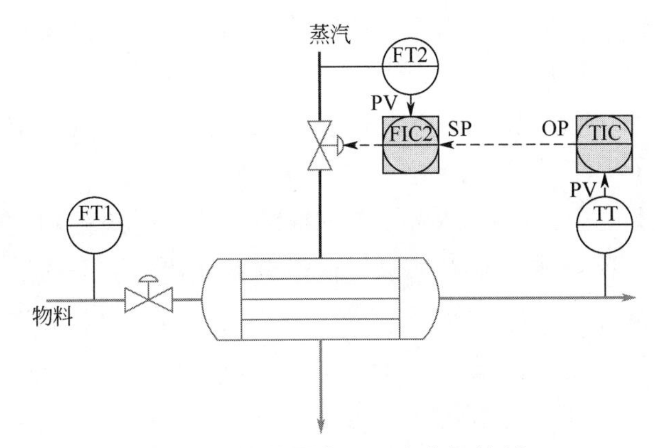

图 6-5　换热器出口温度串级控制

6.2.5　串级控制总结

串级控制使用标准 PID 控制算法，操作员非常容易理解。副控制器需要一个附加功能，除了常见的自动模式和手动模式之外，还需要一个新的控制模式，称为“串级”。当控制模式处于串级时，副控制器的设定值连接至主控制器输出，在这种控制模式下，操作员无法调整副控制器的设定值。当控制模式处于自动或手动时，副控制器的设定值由操作员提供，在这种情况下，串级控制模式不起作用。

本节介绍了串级控制的原理以及串级控制在抗干扰方面的优良性能。串级控制采用反馈控制原理，因为副回路的过程变量是以因果方式依赖于操纵变量。当副回路的动态（主要是纯滞后时间）比主回路快得多时，串级控制可以显著提高闭环控制性能。在这种情况下，可以快速测量和补偿某些干扰，在降低扰动对操纵变量影响的同时，实现过程变量的性能改进。基于这种性能改进和实现的简单性，建议将串级控制作为第一个潜在的单回路改进方案进行评估。

将串级控制类比为项目管理或者社会管理工作的委派。如果主管将某些任务委派给下属，并且该下属在不需要主管进一步指导或帮助的情况下执行该任务，则主管的工作会变得更容易。下属负责所有小细节，否则如果主管没有人可以委派，这些细节会给主管带来负担。这个类比也清楚地表明了为什么副回路过程变量必须比主回路过程变量响应得更快：如果主管保持长期对目标的不关注（即比给予下属的任务完成时间更长的时间），则主管-下属管理结构将无法工作；如果主管专注于实现的目标比下属完成任务所需的时间短，主管将不可避免地不断进行委派任务的更新，这些委派对于下属来说太快了，这将导致下属“滞后”于主管的指令，损害大家的满意度和长期目标。慢性子的主管和急脾气的下属可能造成总体目标长期不能完成，急脾气的主管和慢性子的下属则可能造成冲突和反复。

串级控制本质上是一种将决策权下放的方法。串级控制的概念不仅限于工程控制系统，社会和商业组织也受益于分布式决策。分布式系统的功能肯定比单回路反馈方法更好，然而串级控制并非普遍适用。如果合适，则选择最优副回路过程变量。如果不可能立即进行，并且需要显著改善控制性能，工程师应调查添加必要的副回路传感器的可能性。即使有测量仪表，串级也不一定总是可能的。例如，最终控制元件和指示干扰的测量值之间可能不存在因果关系。因此，虽然串级控制通常是提高控制性能的首选方法，但还是需要其他改进方法。

6.3 前馈控制

6.3.1 前馈控制的应用与定义

反馈控制系统的一个固有弱点是它永远不可能是主动的。任何反馈控制系统所能做的最好的事情就是过程变量偏离设定值后做出反应。因为控制系统不具有预测扰动影响的能力，这使得偏离设定值不可避免。反馈控制系统所能做的就是在干扰发生后对影响到它的过程变量的变化做出响应。

在过程控制的反馈系统中，如果纯滞后时间或增益发生较大随机变化，那么在试图减少偏差时，反馈作用将失效。此时过程变量远离其操作范围，反馈控制器几乎不可能对设定值进行准确快速的跟踪。其结果是，该过程的波动变得不可接受。

前馈控制用于在这些干扰有机会进入系统并扰乱过程变量之前检测并纠正这些干扰。必须记住，前馈控制不考虑过程变量。它对已知过程干扰的感知或测量做出反应，使其成为补偿和协调控制，以使干扰和控制的影响互相抵消。基于图 6-6 所示不变性原理的前馈控制的理想控制器形式会非常复杂，往往和干扰通道和控制通道的动态特性相关。在实际使用中，为了简化和增强鲁棒性，常采用最简单的静态前馈形式。

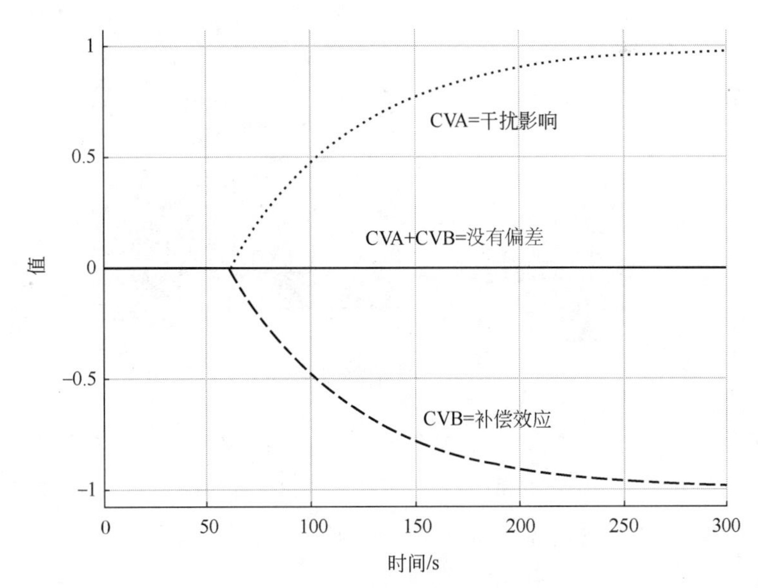

图 6-6 前馈的不变性原理

前馈主要用于防止偏差（过程干扰）进入或干扰过程系统内的控制回路。反馈用于纠正闭环控制系统中检测到的由各种过程干扰引起的所有偏差。

6.3.2 手动前馈控制

与串级控制一样，前馈控制在项目管理或者社会管理工作中也有类比。如果主管是部门的负责人，向下属发出指令以完成重要任务，那么前馈系统就是当有人通知主管即将影响部门的重要变化时，主管可以采取先发制人的措施，在完全感受到其影响之前更好地管理这种变化。如果这些预测信息是准确的，并且主管的响应是适当的，那么变化的任何负面影响将被最小化到不需要被动调整的程度。换句话说，前馈控制行动将可能发生的危机转化为微不足道的小事件。

前馈控制与反馈控制是完全不同的概念。前馈控制属于开环控制，而反馈控制属于闭环控制。手动前馈控制如图 6-7 所示。干扰进入过程后，操作员会对其进行检测和测量。然后，操作员根据对过程的了解，改变操纵变量，使干扰对系统的影响降至最低。前馈控制和反馈控制是人员干预系统的两个主要控制模式，如果决策是基于干扰做出的属于前馈控制，如果决策是基于过程变量或偏差做出的则属于反馈控制。

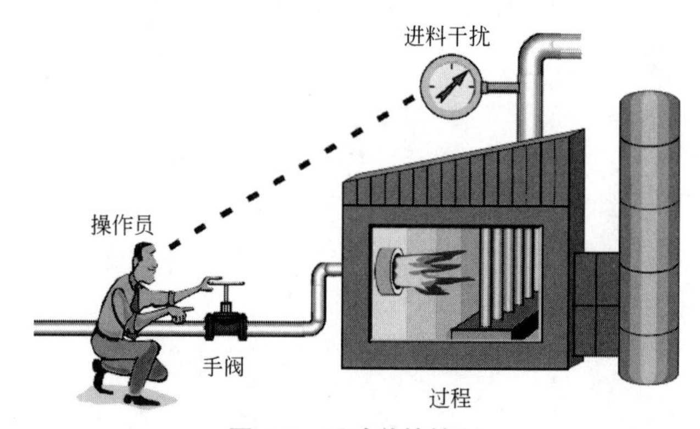

图 6-7　手动前馈控制

这种形式的前馈控制在很大程度上依赖于操作员对过程动态的了解。如果操作员出错或无法预测干扰，则过程变量将偏离其设定值。如果前馈控制是唯一的控制，则将存在未修正的偏差，所以在实际情况中大多都是基于偏差的反馈控制和基于干扰补偿的前馈控制联合使用。

6.3.3 自动前馈控制

自动前馈控制检测并测量即将进入过程的干扰，然后前馈控制器根据这些干扰对过程变量的影响，改变控制器输出。

前馈控制虽然是一个非常吸引人的概念，但是前馈控制必须考虑干扰对过程变量的所有确切影响。前馈控制对系统设计者和操作员都提出了很高的要求，要从数学上分析和理解扰动对相关过程的影响。因此，前馈控制通常只适用于更重要、更关键的控制回路。

单独的前馈控制很少使用。更常见的是，前馈控制嵌入反馈控制回路中，通过最小化主要过程干扰的影响来显著改进控制性能，再通过反馈消除其他干扰造成的稳态偏差。重要的是要记住，前馈控制主要是为了减少或消除过程反应时间和任何可测过程变量变化的影响。

前馈控制器可能只需要执行简单（开-关）控制，也可能需要高阶数学计算。由于前馈控制器的要求差异很大，因此可以将其视为功能控制块。前馈控制的范围从简单的开关控制到超前/滞后（微分和积分函数）和计时块。前馈的工作范围几乎是无限的，因为大多数系统允许前馈控制作为基于软件的数学函数进行“编程”。前馈的成功则取决于对扰动的性质和幅度要有精确理解和测量，否则可能弄巧成拙。

动态前馈需要根据过程干扰通道和控制通道的动态特性加以确定，其结构往往比较复杂，而且严重依赖于模型参数的准确性。而静态前馈是指前馈控制为静态特性，是由干扰通道的增益和控制通道的增益的比值决定的。静态前馈的作用是使前馈干扰对过程变量的稳态影响被基本抵消，而不考虑其动态特性，将扰动的动态特性交给 PID 反馈控制处理，这是因为静态前馈已经把前馈的大部分效果都实现了。动态前馈既复杂又不可靠，在实际应用中较少使用。当过程干扰通道和控制通道的动态特性比较接近时可以直接使用静态前馈，这也是实际过程中使用前馈控制的大部分场合。

6.3.4 前馈控制设计准则

表 6-2 总结了前馈控制的设计准则，遵守这些准则可确保在适当时使用前馈控制。表中的前两项说明了前馈控制的使用条件。当然，只有当单回路控制不能提供可接受的控制性能时，才有必要进行诸如前馈控制之类的改进。第二个标准要求使用可接受的前馈变量，或者可以以合理的成本增加前

馈变量。

潜在的前馈变量必须满足三个标准。首先，它必须表明发生了重大干扰。也就是说，过程干扰和被测前馈变量之间必须存在直接的、可再现的相关性，而且过程干扰必须很重要，即变化频繁并对过程变量产生重大影响，否则没有必要减弱其影响。其次，因为不使用反馈原理，前馈变量不得受操纵变量的影响。注意，该要求明确区分了用于串级控制和前馈控制的过程变量。最后，干扰动态不应快于从操纵变量到过程变量的动态。

这一最终要求与前馈-反馈联合控制系统有关。如果干扰对过程变量的影响非常快，前馈控制不能及时操作操纵变量，会产生偏差。因此，反馈控制器将感知偏差并进一步调整操纵变量。不幸的是，反馈控制将是对前馈控制的补充，因此，将对操纵变量进行双重修正。记住，前馈控制和反馈控制是独立的算法，双重修正会导致过程变量超调，控制性能下降。总之，当扰动动态非常快且存在 PID 反馈控制时，不应当使用前馈控制。当然，如果不存在反馈，则无论扰动动态如何，都可以应用前馈控制。

表 6-2　前馈控制设计准则

实施前馈控制的条件：
① 单回路控制不能提供满意的控制性能。
② 有前馈变量的测量值
前馈变量必须满足下列要求：
③ 前馈变量必须表征重要干扰的发生。
④ 操纵变量和前馈变量必须没有因果关系。
⑤ 前馈变量动态要比操纵变量输出动态慢（如果有反馈控制时）

前馈控制和反馈控制各有所长，可以弥补彼此的不足。反馈控制的主要优点是：它将所有扰动产生的偏差减小到零。正如我们所看到的，在许多情况下，它可以提供良好的控制性能，但只能在过程变量偏离设定值后才采取纠正措施。然而当被控对象动态有问题时，反馈控制并不能提供良好的控制性能。此外，如果没有正确整定，反馈控制可能会导致不稳定。

前馈控制在过程变量受到干扰之前就起作用，并且在具有精确模型的情况下能够获得很好的控制性能。另一个优点是，在没有反馈控制的稳定系统中，尽管如果设计和整定不当，可能会导致性能下降，但前馈控制器不会导致不稳定。前馈控制的主要缺点是无法消除全部偏差。如上所述，通过将前馈与反馈相结合，前馈控制用于减少可测主要干扰的影响，而反馈控制用于补偿过程模型中的不准确、测量误差和未知干扰。

反馈控制和前馈控制对比见表 6-3。

表 6-3 反馈控制与前馈控制对比

项目	反馈控制	前馈控制
设计原理	反馈控制理论	不变性原理
控制依据	基于偏差消除偏差	基于扰动消除扰动
发生时间	有偏差才控制	有扰动就控制
控制结构	闭环控制	开环控制
校正范围	消除闭环内所有扰动影响	指定性补偿
控制规律	典型 PID 算法	取决于扰动通道与控制通道的特性比

6.3.5 前馈-反馈联合控制

纯前馈控制给我们带来的一个问题是过程变量偏离系统设定值。这是因为在前馈控制中只考虑了主要干扰对过程变量的影响，没有考虑过程变量和其他干扰，否则，它将成为反馈（闭环）控制系统。

前馈控制通常用于最小化主要扰动对过程变量的影响。这是通过测量主要过程干扰，并在主要干扰对过程本身产生不利影响之前改变相关操纵变量进行抵消来实现的。

一般来说，如果过程干扰和纯滞后时间都较小，那么反馈系统的运行就更准确、更有效。显然，前馈控制有助于实现反馈控制的这一要求。如果我们将精确配置的前馈系统和良好调节的反馈系统结合起来，那么反馈控制和前馈控制的结合会是一个几乎最优运行的控制系统。

前馈-反馈联合控制系统比等效的单回路系统使用更多的控制组件和设备，包括两个传感器和控制器。由于系统性能要求所有这些设备正常工作，因此其可靠性将低于等效单回路系统的可靠性。然而，需要注意的是，反馈控制并不依赖于前馈。如果前馈控制器中的任何组件出现故障，可以关闭前馈部分，反馈控制器将正常工作。通常，前馈控制模块较低的可靠性并不妨碍前馈控制的使用。

图 6-8 展示了如何将两种控制方法结合到加热炉出口温度控制系统中。进料变化时，前馈控制通过及时控制燃料气流量在进料波动影响到出口温度前及时抑制。反馈控制用于克服不可测扰动引起的偏差，保证闭环系统没有稳态余差。这个控制系统中的燃料气流量副回路有三个作用：a. 克服燃料气压力波动对温度的影响；b. 克服燃料气流量调节阀的非线性；c. 减少非线性对前馈系数计算的影响。

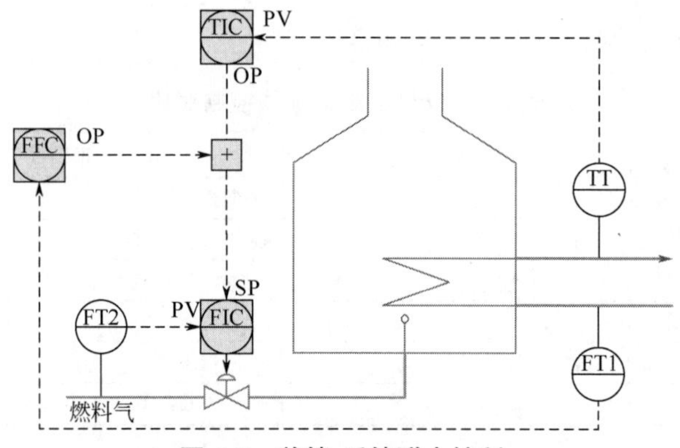

图 6-8 前馈-反馈联合控制

由于前馈-反馈联合控制设计涉及更多控制组件和设备，因此其成本略高于单回路系统。假如该变量还未用于监控目的，需要增加现场传感器成本和传输至控制室的成本。如果使用具有备用容量的控制系统，控制器的成本基本为零，否则可能增加控制器成本。增加的其他成本还包括安装和记录成本。与通过适当设计的前馈控制策略实现的效益相比，这些成本通常并不显著，但昂贵的在线分析仪作为前馈变量通常不太划算。

6.3.5.1 整定

由于强反馈控制有不稳定的倾向，因此应尽可能避免。前馈控制可以完成所需控制的主要部分，而反馈控制只是为了消除过程变量的漂移，所以建议按照以下步骤进行前馈-反馈联合控制系统整定：

- 整定反馈和前馈控制所用的副控制器；
- 整定前馈控制；
- 使用 Lambda 整定方法整定反馈控制；
- 评估过程变量的控制性能。

记住，在这种情况下，反馈控制只是前馈控制的补充，不能引入任何形式的振荡或不稳定。

反馈是本质被动的，有偏差才会有动作，所以反馈必定滞后于干扰。而前馈是本质主动的，可以在干扰有机会进入系统并扰乱闭环或反馈回路特性之前检测并纠正这些干扰。另外，反馈对于即将发生的事情不做假设，等到事情发生了再见招拆招，对各种不确定因素相对不敏感。但由于前馈控制需要过程模型，所以前馈控制不像反馈控制那样常用。反馈控制和前馈控制具有互补性质。反馈控制可以减少慢速干扰的影响，前馈控制可以更快减少干扰的影响。反馈控制对过程模型的变化相对不敏感，前馈对过程模型的参数变化更为敏感。反馈可能引起不稳定，而前馈不会引起任何稳定问题。为了获得良好的控制性能，可以将反馈控制和前馈控制结合起来实现联合控制。

6.3.5.2 前馈-反馈联合控制应用

在许多过程控制应用中，几个过程串联在一起。在这种情况下，测量干扰和使用前馈控制往往很容易。自然循环锅炉的汽包液位控制是前馈-反馈联合控制的典型应用。

工业蒸汽大都是由锅炉加热水产生的。汽包液位控制是其中最主要的复杂控制策略之一。在自然循环锅炉中，锅炉水在水冷壁内衬的蒸发器管中循环，在那里部分转化为蒸汽。水蒸气混合物返回锅炉汽包，在那里蒸汽和水被分离。为了弥补作为蒸汽损失的水，给锅炉增加了给水。汽包液位是蒸汽流量和给水平衡的指示器。

保持锅炉汽包液位在设定值至关重要。如果液位过低，锅炉可能会烧干，导致汽包、锅炉管道和锅炉水循环泵的机械损坏。如果液位太高，水会被带入蒸汽管道损坏下游设备。

蒸汽流量的变化也可能导致汽包液位出现较大偏差，甚至锅炉停车。蒸汽流量是可测量的，采用前馈控制策略可以很好地改善汽包液位控制。如图 6-9 所示，汽包液位测量、蒸汽流量测量和给水流量测量相结合控制锅炉汽包液位称为三冲量控制。

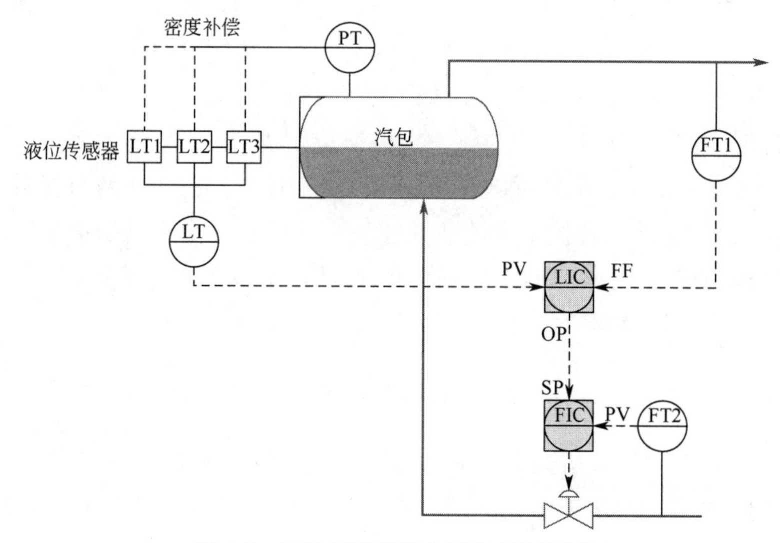

图 6-9 三冲量锅炉汽包液位控制原理

三冲量汽包液位控制策略测量蒸汽流量并将其用作给水流量控制器的设定值。通过这种方式，调整给水流量以匹配蒸汽流量。蒸汽流量的变化几乎会立即被给水流量的类似变化所抵消。为确保汽包液位偏差也用于控制，蒸汽流量作为前馈被添加到汽包液位控制器的输出中。给水流量作为副回路能快速克服给水压力波动对汽包液位的影响，同时可以简化蒸汽流量前馈系数的计算。蒸汽流量作为前馈引入锅炉汽包液位控制中，可以及时消除蒸汽流量波动对汽包液位的影响，有效防止“虚假液位”引起的控制系统误操作。

前馈-反馈联合控制在自然循环锅炉汽包液位控制中成为标准的三冲量控制方案有几个主要原因：a. 前馈和反馈通道的动态特性基本一致，一般前馈系数设置为静态前馈而且系数为 1 即可；b. 反馈控制由于虚假液位被近似为纯滞后时间，作为大纯滞后积分被控对象反馈控制不能太快；c. 用户的蒸汽用量频繁变化而且不可预测。

6.4 比值控制

比值控制系统是指需要实现两个或两个以上参数符合一定比例关系的控制系统。生产过程中，经常需要两种物料或两种以上的物料保持一定的比例关系，比值波动会导致生产不稳定、产品质量均一性变差、浪费能量，甚至影响安全。最常见比值控制要求包括：a. 反应器的多个物料要保持一定比例，例如稀释比、氧煤比、水碳比等；b. 燃烧过程中，燃料和空气要保持一定比例，燃烧过程也可以理解为反应过程；c. 精馏过程的回流比控制等。比值控制是一种简单且常用的前馈应用，一般的前馈控制都是加法，而比值控制属于乘法前馈控制。在比值控制中，动态可以忽略不计。比值控制一般实现两个变量的绝对量比，而前馈-反馈联合控制中的前馈往往实现的是两个变量的增量比。这个区别可以作为反馈-比值控制方案和前馈-反馈控制方案的选择依据。

两个过程变量直接存在如下的关系：

$$\mathrm{FT2} = R \times \mathrm{FT1} \tag{6-1}$$

式中，FT2 为从过程变量；FT1 为主过程变量；R 为比值系数。

比值控制其实就是一个乘法器。在很多控制系统中一般都有专门的比值控制模块。但是有的现场采用如图 6-10 所示的比值控制策略：

① 使用计算模块计算当前测量的实际比值 FT2/FT1；

② 以该比值为测量值，使用 PID 算法进行从过程变量的控制。

看起来很自然，如果这种控制策略没有问题，控制系统为什么要提供专门的比值控制模块呢？那么这种控制策略有什么问题呢？

使用如图 6-10 所示的基于 PID 的比值控制策略，存在的问题包括：

① 对比值控制回路而言，被控对象的模型增益可以利用对比值计算求导得到为$1/FT1$。当主过程变量大幅度调整时被控对象增益也相应变化，这增加了 PID 参数整定的难度，而且在主过程变量测量值不同时控制回路有不同的控制性能。

② 当从过程变量变化时比值控制会波动，而且由于非线性的存在，比值控制器往往整定得比较慢，从过程变量跟踪慢会导致比值控制波动。

③ 当从过程变量波动时，比值控制输出应该保持不变。从过程变量控制回路通过控制调节阀使从过程变量回到设定值就可以了。但是由于从过程变量参与到比值计算中，反而会导致控制器的多余动作。这种设计，比值测量值不能算从过程变量控制回路的独立变量，在先进控制器设计中也要避免。

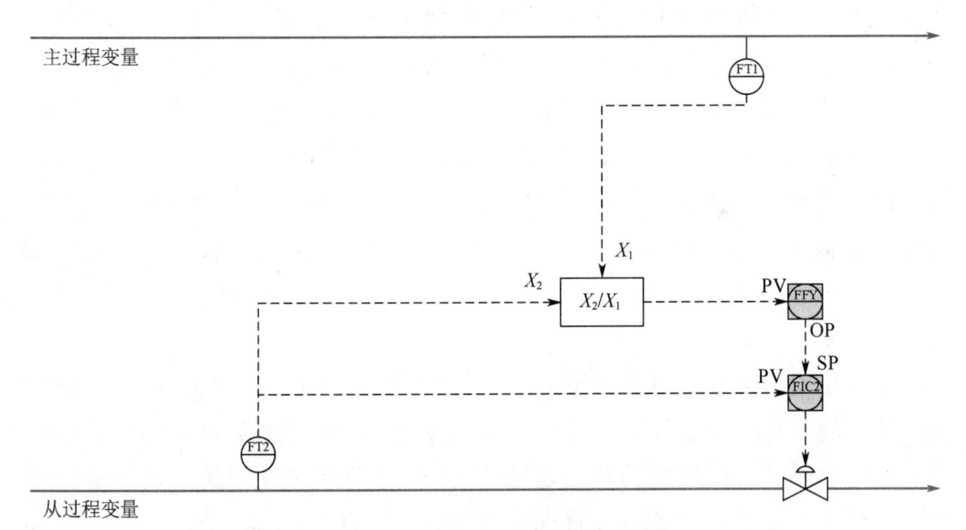

图 6-10 常见的比值控制策略

标准的比值控制模块中，会使用两个过程变量的比值作为测量值，这个测量值只用于显示，不用于控制作用计算。而实际的控制器输出，用比值控制模块的设定值乘以主过程变量得到，这个方法可以通过控制方案的改进，避免人为引入非线性，降低控制器参数整定的难度。从过程变量的测量值只参与计算而不参与比值控制。如图 6-11 所示的单闭环比值控制策略是最常见的标准比值控制方案。

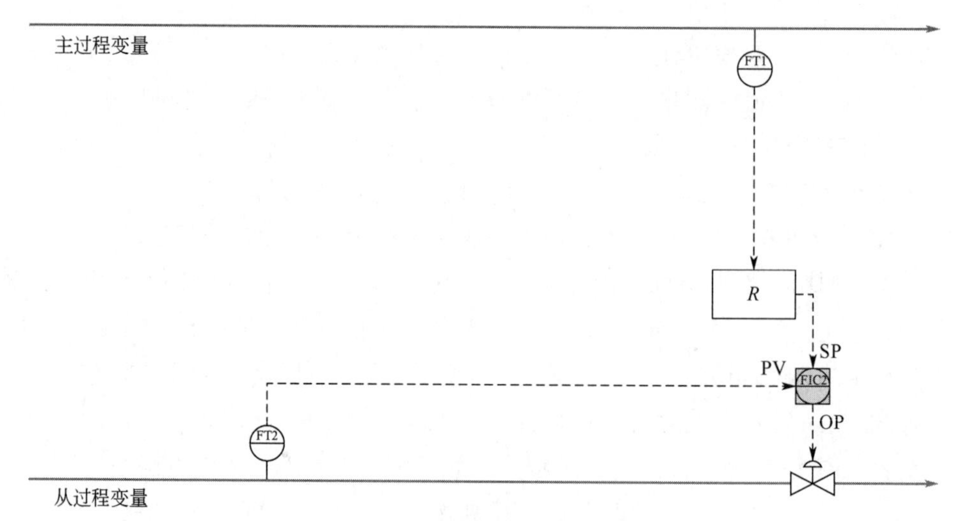

图 6-11　单闭环比值控制策略

在比值控制精度要求较高而主过程变量又具备控制条件的场合下，很自然地就想到对主过程变量也进行控制，这就形成了如图 6-12 所示的双闭环比值控制系统。和单闭环比值控制系统的主要区别在于增加了主过程变量控制回路。由于主过程变量的控制，克服了干扰的影响，使主过程变量更加平稳。当然与之成比例的从过程变量也更加平稳。当系统需要升降负荷时，只要改变主过程变量的设定值，主从过程变量就会按比例同时增加或减小，从而克服单闭环比值控制系统的缺点。在实际应用中，当主过程变量设定值变化时，从过程变量控制跟随的速度如果不够快，也会造成比值波动。此时可以考虑使用主过程变量设定值进行比值计算并让两个控制回路的期望闭环时间常数 λ 相等来减少这种波动。

即使采用双闭环比值控制系统，在主过程变量增加和减小时实际比值仍然会发生波动。有一类过程比值受到安全的限制，只允许比值单向波动，例如燃烧系统的空燃比、煤气化的氧煤比等。这种情况下就要使用交叉限幅控制。

空燃比的交叉限幅原理见图 6-13。交叉限幅控制说简单点就是燃料的流量与空气的流量相互影响相互牵制，最终达到一个平衡点就是合适的空燃比。交叉限幅实际上是一个具有两个并联回路的串级调节系统，控制策略的复杂性是工艺过程的要求决定的，这样达到的目的有：

① 增加燃料时，为了防止缺氧燃烧，需要确保空燃比始终偏大，所以先增加空气流量，然后通过“高选器”和“低选器”实现空气流量为主过程变量，燃料流量为从过程变量的比值控制；

② 减少燃料时，为了防止缺氧燃烧，需要确保空燃比始终偏大，所以先降低燃料流量，然后通过“低选器”和“高选器”实现燃料流量为主过程变量，空气流量为从过程变量的比值控制。

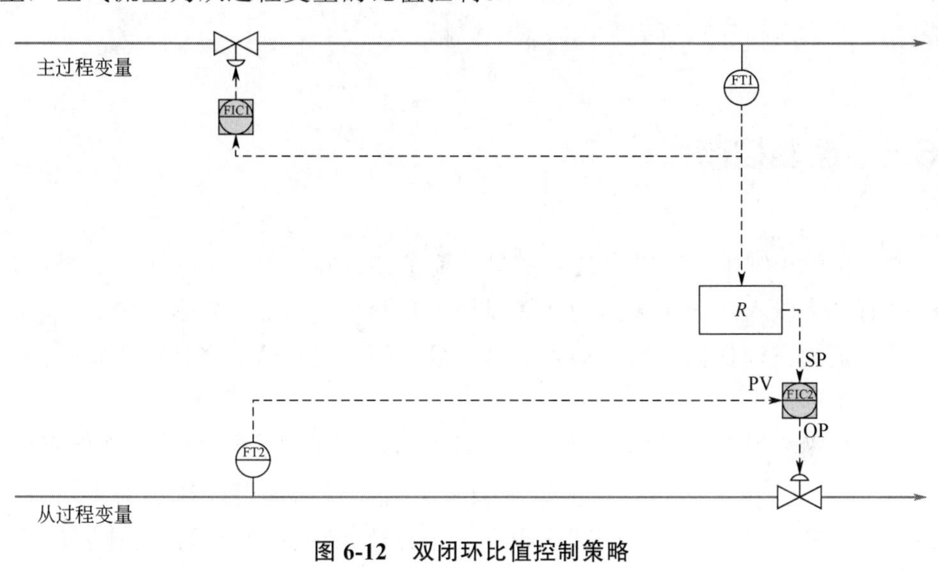

图 6-12 双闭环比值控制策略

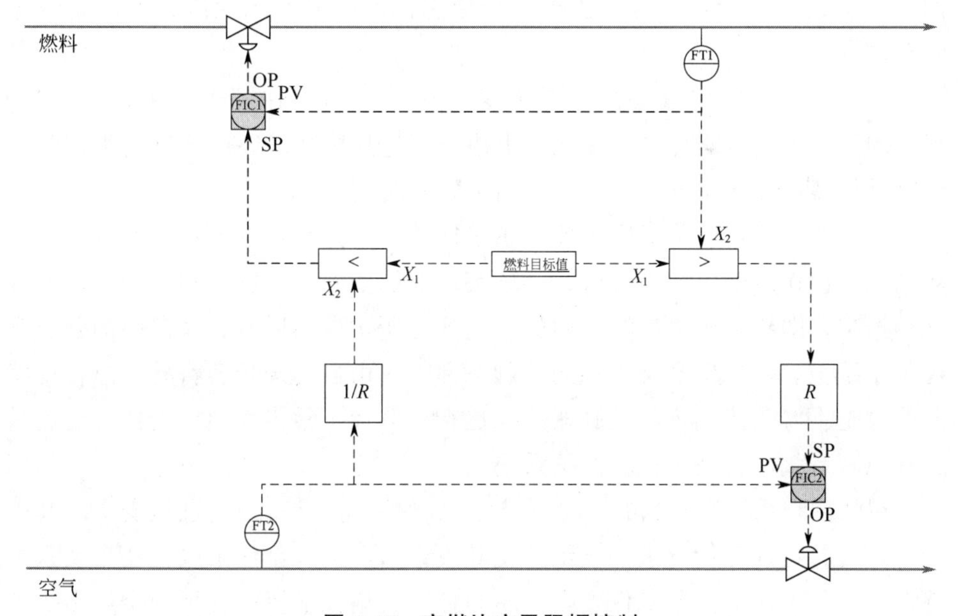

图 6-13 空燃比交叉限幅控制

这样就构成了交叉限幅。交叉限幅控制在系统平稳时是静止的。只有燃烧系统的平衡被打破后交叉限幅控制才起作用，在系统平衡时，燃料流量控制与空气流量控制是独立的两个控制回路。当燃料流量或空气流量发生变化时，根据设定好的空燃比的计算来影响另一个量，最终达到燃烧控制的新平衡，所以说交叉限幅是动态比值控制。如果希望比值单侧波动并且对波动的幅度有要求时，还有更复杂的双交叉限幅。

6.5 超驰控制

在超驰控制中，有多个过程变量，而最终控制元件只有一个。选择器是一个有许多输入和一个输出的计算模块。有两种类型的选择器：最大值和最小值。最大值选择器输出是输入信号中最大的，最小值选择器输出是输入信号中最小的。

在某些情况下，必须考虑几个过程变量。一个过程变量是主过程变量，但其他过程变量也必须保持在给定的范围内。可以使用选择器来实现这一点。这个想法是使用几个控制器和一个选择器来选择最合适的控制器输出。例如：主过程变量是温度，出于安全原因，我们必须确保压力不超过一定的范围。

约束控制、自由度处理一直是多变量模型预测控制的强项。其实使用 PID 组成的复杂控制策略也可以实现约束控制。超驰控制是进行 PID 约束控制以优化过程操作并防止异常操作条件的主要方法之一。

在生产中，除了正常控制外，还必须考虑在异常状态下实现安全生产，即当生产操作达到安全极限时，必须采取保护措施。超驰控制系统可以实现这种控制，即将工艺生产过程中的限制条件所构成的逻辑关系，叠加到正常控制系统中去，当生产操作趋向限制条件时，由自动选择器将处于热备用状态的控制不安全情况下的控制器投入运行，取代正常工作的控制器，这就是超驰控制系统，它是一种软保护系统。

超驰控制系统中，只有一个最终控制元件，但是有两个过程变量。其中一个常规的过程变量要求一直维持在其设定值，另一个约束过程变量要求维持在一定的操作范围以确保安全。超驰控制策略在配置中使用两个或多个控制器，该配置允许一个控制器采取行动来维持或控制一个过程变量（主控制器），而另一个控制器监视另一个过程变量（约束变量），如果超出约束，则通过选择器选中输出。输出跟踪和积分跟踪模式的使用可以保证过渡过程无扰切换。

超驰保护控制回路应设置得比较积极，以便于异常发生时控制策略及时切换，同时超驰保护控制回路长期达不到切换条件要防止积分饱和，这是进行超驰保护控制回路组态和整定时要注意的主要问题。如果两个超驰保护控制回路采用增量型或速度型算法，每次计算出应调整的增量值，也可以解决积分饱和问题。

超驰保护控制不能替代安全仪表系统，但是提供了一种在不联锁停车的前提下保证装置安全运行的保护机制，可以实现装置安全前提下尽可能保持装置运行的目的，是一种容易被忽略的有效控制策略。

在什么情况下才需要超驰控制呢？应按如下步骤进行判断。

第一，超驰控制是针对多种不同工况的冲突而做出的一种解决方案。所谓不同工况，指的是对不同目标的控制需求。比如，锅炉蒸汽压力控制，正常情况下，应该是锅炉蒸汽压力使用燃料气流量作为控制手段，不管是串级还是直接控制流量调节阀，其核心都是通过调整燃料气的流量实现对锅炉蒸汽压力的控制，这是一个工况。而燃料气流量（或者阀门开度）的变化同时会影响到燃料气的压力，这是另一个工况。当燃料气压力较高的时候，燃料气流量的变化基本完全由调节阀决定，而压力过低时，会导致调节阀全开，流量也无法满足要求。而这时阀门全开会导致压力进一步下降，可能引发安全事故。于是，压力过低就会引发两种工况的冲突。

第二，多种工况只有一种调节手段，也就是说：整体缺少一个控制自由度。前面说到的，锅炉蒸汽压力与燃料气压力都只使用燃料气流量这一个控制手段，所以当二者冲突的时候，就需要做出选择：优先控制哪一个？所以，自由度缺失是超驰控制的一个必要条件。

第三，多种工况冲突时，有明确的最终目标和执行的顺序。比如，燃料气压力过低时，从安全角度考虑必须保证燃料气压力，同时由于此时再开大燃料气阀门也无法满足锅炉蒸汽压力的需求，所以，很明确：保燃料气压力，放弃对锅炉蒸汽压力的控制。多种工况的分析都要明确这一点：在每一种情况下，控制的高优先级目标是哪一个。本例中，可以描述为：燃料气压力足够高的时候，控制目标是锅炉蒸汽压力；燃料气压力低于某个限值的时候，控制目标是燃料气压力。单一情况下只有单一目标，这是实现超驰控制的充分条件。蒸汽压力与燃料气压力的超驰控制系统如图 6-14 所示。

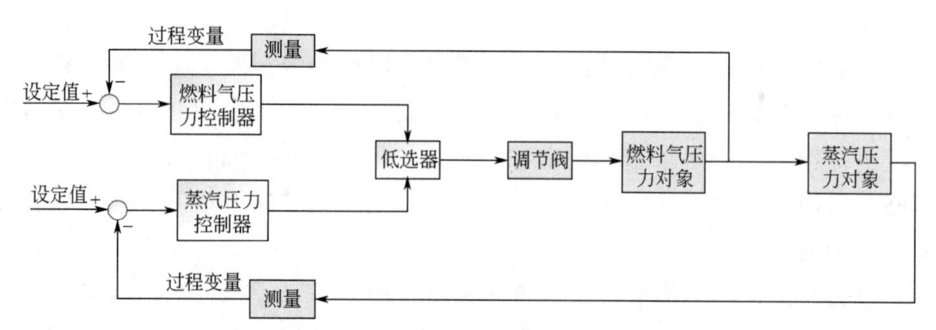

图 6-14　蒸汽压力与燃料气压力的超驰控制系统

实际工作中，很多控制方案用串级控制替代超驰控制，这两种控制策略应根据目的不同合理选择。图 6-15 和图 6-16 的两个例子都应该选择超驰控制而不是串级控制。

在图 6-15 中，正常操作时，缓冲罐液位高于最低液位，由流量控制回路操作调节阀。如果液位低于最低液位，则离心泵存在气蚀的设备风险，此时液位控制生效，防止设备损伤。如果设计成液位和流量的串级控制，则不能完全发挥缓冲罐的缓冲作用，液位控制会在还没有气蚀风险的情况下更多操作流量，造成流量的更大幅度波动。

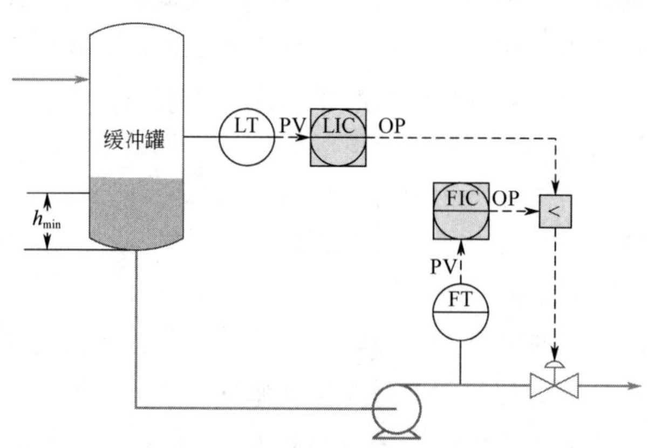

图 6-15　流量控制兼顾缓冲罐液位

在图 6-16 中，如果冷凝器液位不高于液位控制设定值，则温度控制生效。如果冷凝器液位超过液位控制设定值，则存在冷媒压缩机带液的设备风险，此时液位控制生效防止压缩机损坏。也有的现场采用出口温度串级冷凝器液位的方案，因为出口温度和冷媒的流量相关，和冷凝器液位没有直接联系，当冷凝器液位降低时气化的冷量增加，此时出口温度会降低，冷凝器液位控制因为液位降低会导致冷媒调节阀开度增加，造成气化的冷量增加，进一步引起出口温度降低。所以这种控制方案也不合理。

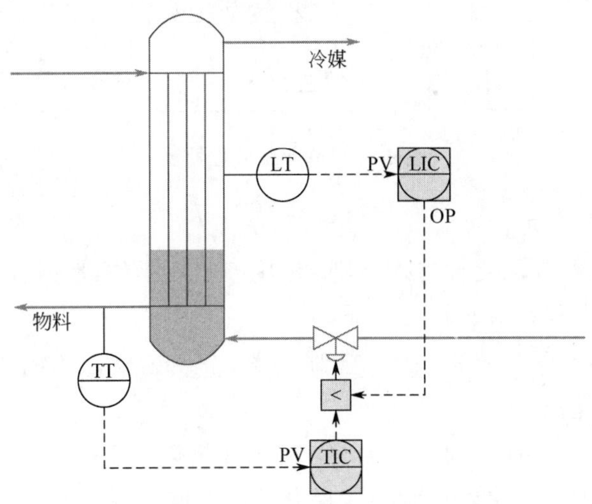

图 6-16　冷凝器出口温度控制兼顾冷凝器液位

综上所述，表 6-4 总结了超驰控制的设计准则。

表 6-4　超驰控制设计准则

实施超驰控制的条件：
① 只有一个最终控制元件和多个潜在过程变量。
② 最终控制元件和每一个过程变量都有因果关系。
③ 存在可行操作点满足所有稳态控制目标

6.6　分程控制

分程控制可以看作是超驰控制的逆。分程控制有一个过程变量和多个最终控制元件。图 6-17 所示的分程控制是常用的控制方法。当最终控制元件变化范围需要很大时，它也是有效的控制方案。分程控制还是一个 PID 控制回路，但是由于最终控制元件性能或者工艺条件限制需要将控制器输出分成平行的通道，每个通道由一个最终控制元件控制。

单回路控制的输出一般只控制一个最终控制元件，但是有时候从操作优化的要求综合考虑，可能需要一个过程变量采用两个或两个以上的最终控制元件。如果两个最终控制元件同时接受一个控制回路的输出，就是常见的分程控制系统。

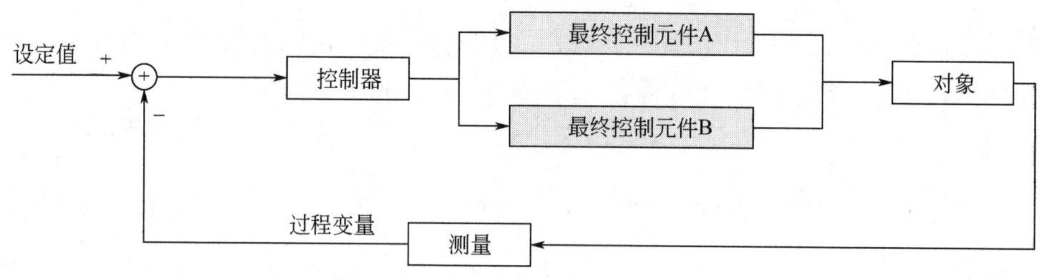

图 6-17 单回路分程控制

使用分程控制可以：

① 扩大最终控制元件可调范围。使用多个较小的最终控制元件实现过程变量的大范围调整，改善控制品质。

② 同时控制两种介质，满足控制要求。例如储罐压力的放空调节阀和补氮调节阀的分程控制。

③ 满足生产过程不同阶段需要。例如放热化学反应，在反应的初始阶段由于放热不足需要用热水控制快速提升反应温度，在反应正常后由于放热太多需要用冷水控制反应温度，这样在反应不同阶段反应温度需要冷热水分程控制方案。

分程控制主要用于带有逻辑关系的多种控制手段而又具有同一控制目标的过程中，是为协调不同控制手段的动作逻辑而设计的。当控制一个过程变量需要两个以上控制手段时，一般都采用分程控制，如温度控制有冷水、热水。当温度低于某温度时先关冷水阀门，冷水阀位全关后再开热水阀门来恒定系统温度；当温度高于某温度时先关热水阀门，热水阀门全关后再开冷水阀门来恒定系统温度。

分程控制系统本质上仍是一个简单控制系统，但是在进行 PID 参数整定时要综合考虑两个控制通道的特性，一组控制参数要同时保证使用不同最终控制元件时整个控制回路性能都是能够接受的。分程控制中最常犯的错误就是分程点的选择，现场很多分程控制习惯将分程点选在 50%，实际上如果两个最终控制元件对过程变量的增益不同时，应该通过合理的分程点设置，使不同最终控制元件工作时对被控对象的特性一致，从而可以使用一组控制参数实现全程控制回路性能一致。如果图 6-17 中最终控制元件 A 阀、B 阀的最大流量分别为 100t/h 和 300t/h，分程点计算公式：

$$\text{分程点} = \frac{100}{100+300} \times 100\% = 25\% \tag{6-2}$$

控制器分程动作根据调节阀特性和控制要求有多种形式，图 6-18 是常见的四种调节阀分程方式。在实际应用中也有交接点附近重叠或者死区分离的情况。特殊情况下也有最终控制元件在整个范围内部分有最小或最大开度。

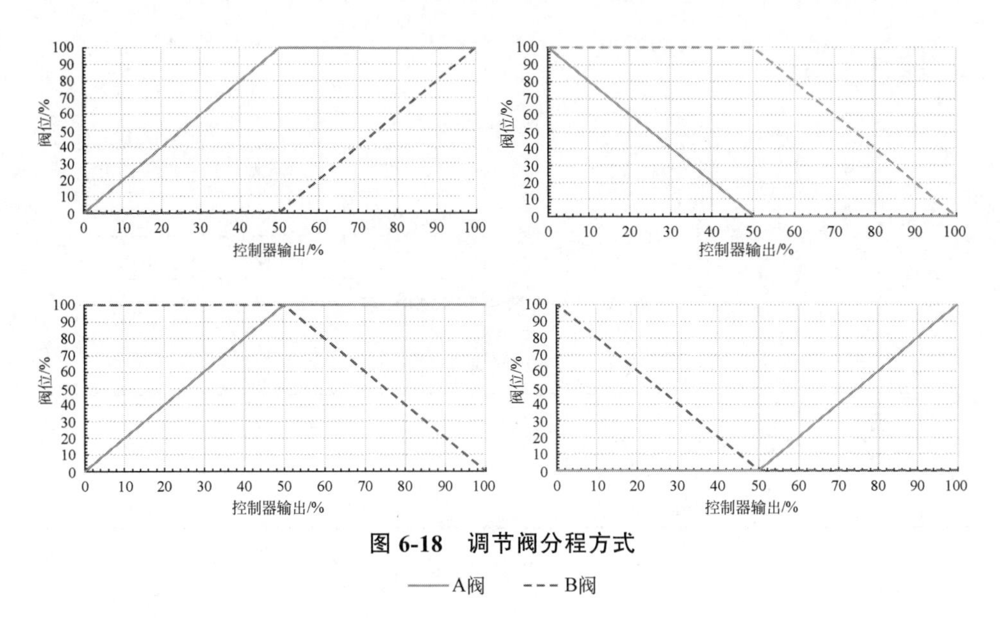

图 6-18　调节阀分程方式

在图 6-19 所示的过程中，在总流量不确定前提下实现 FT2 的流量控制，如果 B 阀全开单独使用 A 阀控制，则存在 A 阀全开但是流量还是达不到设定值的情况，这种情况下就需要关闭 B 阀。流量控制器 FIC2 的过程变量为流量 FT2，流量控制器 FIC2 操纵 A 阀和 B 阀使过程变量达到期望的设定值。A 阀和 B 阀开度由图中右侧的分程逻辑计算。事实上这个控制方案也是一个带有逻辑关系的多种控制手段（先开 A 阀后关 B 阀）而又具有同一控制目标（FIC2 流量）的系统，控制方案需要协调不同控制手段的动作逻辑。这种情况下图 6-19 所示控制方案既能保证至少一个阀门全开管线压降最小，又能实现流量控制。实际应用中两个阀门的通量不同，分程点需要综合考虑合理设置。

综上所述，分程控制广泛应用于具有多个最终控制元件的过程。表 6-5 总结了分程控制的设计准则。如果控制器输出不是直接到最终控制元件，选择分程控制会有失控的过渡过程，还会因为不能获得副回路饱和状态，增加分程设置的难度。多个最终控制元件的控制方案设计中，分程控制只是其中的一个控制方案，其他的控制方案包括两个单回路、阀位控制等。

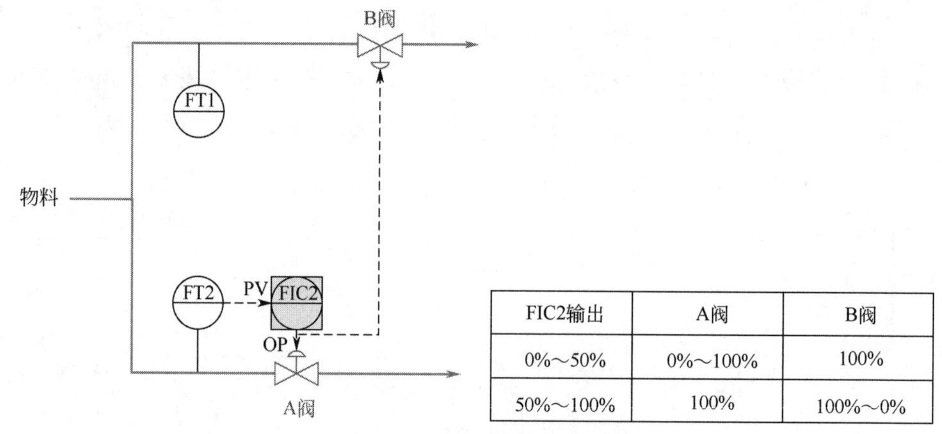

FIC2输出	A阀	B阀
0%～50%	0%～100%	100%
50%～100%	100%	100%～0%

图 6-19　流量分程控制方案

表 6-5　分程控制设计准则

实施分程控制的条件：
① 只有一个控制器但是有多个最终控制元件。
② 每一个最终控制元件都和过程变量有因果关系。
③ 按固定的优先级顺序操纵最终控制元件

6.7　阀位控制

有时候在进行最终控制元件选择时需要综合考虑快速性、有效性和经济性，这往往是矛盾的。阀位控制系统就是能够综合考虑快速性、有效性和经济性的一种控制策略。阀位控制系统需要两个控制回路协同工作，分程控制只需要一个控制回路，而且分程控制按固定的优先级顺序操纵最终控制元件。严格意义上，阀位控制系统是一个和串级控制、超驰控制类似的解决方案。

阀位控制的基本思想：假设其他地方的变量可以在某个范围内变化或“浮动”，调整这个变量可以使主控制回路输出阀门位置移位而不影响主控制回路性能，这样就可以设计一个 PID 控制回路，使用这个自由变量来驱动阀门到所需的位置，这个移动必须非常缓慢，并且只影响稳定状态的条件，换句话说，主控制回路的阀门主要用于动态控制，而阀位控制则试图通过影响稳态阀位来减少能量损失或提高可控性。

在图 6-20 所示的控制系统中，如果只是简单地理解为小流量用小阀，大流量用大阀，则控制系统容易设计成分程控制或者两个流量控制回路。但是实际上这两种设计方案都是有问题的。分程控制很难实现全程流量的自动控制，这是常见的错误设计方案，在实际生产中不具有可行性。两个流量控制也没有充分发挥大小阀的作用。

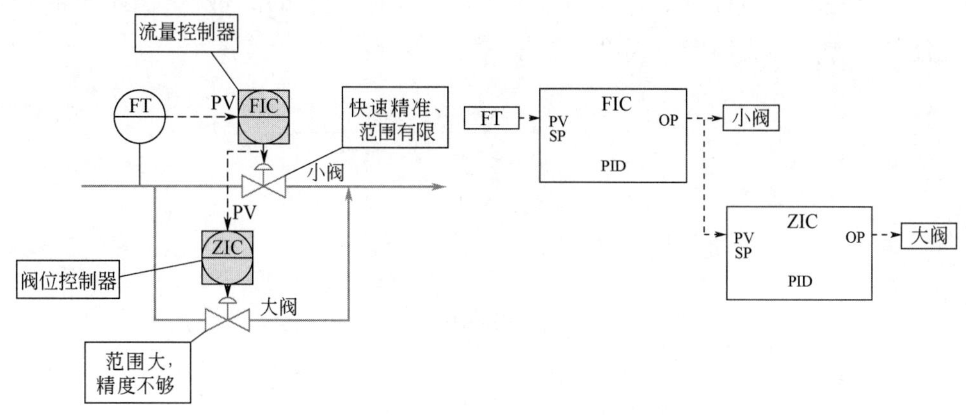

图 6-20　阀位控制系统

正确的控制方案设计：小阀用来考虑控制系统的快速性和有效性，而大阀用来保证小阀始终可调节。简单说小阀是控制过程变量的有效手段，但是为了提高效益、降低成本或者保证控制手段有效性，需要维持小阀在适当开度。这就是阀位控制系统的主要目的。

大小阀阀位控制系统保证了小阀的可调范围，提供了小阀的灵敏度。当仅使用大阀进行控制时，控制性能无法满足高要求，当仅使用小阀进行控制时，小阀的调节范围无法满足大范围流量控制的要求。阀位控制系统还消除了分程控制的不连续性。

阀位控制系统一定要和另一个控制回路配合工作，这实际上是一种基于 PID 的优化策略。两个控制回路的 PID 参数因为耦合必须综合考虑。由于两个控制回路需要协调工作,所以两个控制回路的 PID 参数整定也要通盘考虑。通过使阀位控制系统比过程 PID 慢得多，可以最大程度地减少相互影响。

阀位控制系统的缓慢与以下概念一致：优化是逐步进行的，以最大程度地减少对控制回路的破坏，而与导致优化变化的变化（如日夜温度和原料成分通常较慢）基本一致。

图 6-21 在实现两个支路流量始终可控的前提下，可以通过把两个流量控制回路的控制器输出最大值作为阀位控制的过程变量实现协调优化控制。阀

位控制回路在阀位太大导致流量控制可能失控时，会增加压缩机转速提高压缩机出口压力，然后两个流量增加，流量控制回路会减小调节阀开度，以保证流量控制回路可控。在阀位太小压缩机能耗可能太高时，会降低压缩机转速减小压缩机出口压力，然后两个流量减小，流量控制回路会增加调节阀开度同时降低压缩机能耗。这个控制方案可以保证支路流量始终可调而且压缩机能耗最优，当支路流量需要大幅度变化时特别有效。

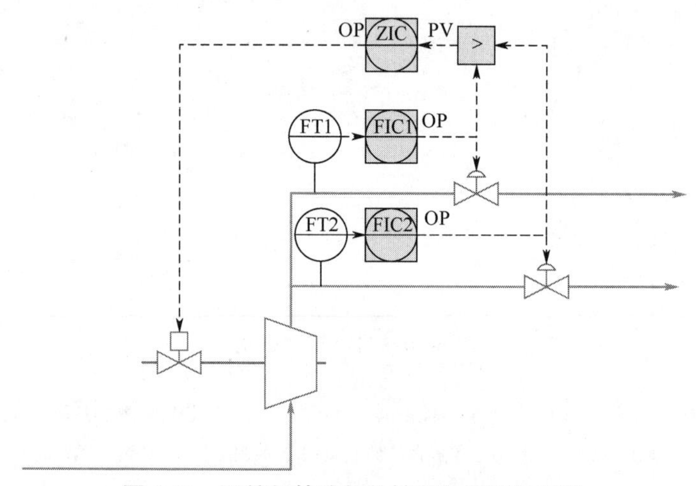

图 6-21　压缩机转速阀位控制保证流量可控

图 6-22 的中压蒸汽压力会首先使用减温减压阀进行快速控制，然后通过阀位控制调节透平在保证中压蒸汽精确控制的前提下进行优化节能。当中压蒸汽用量增加时中压蒸汽压力降低，压力控制回路首先打开减温减压阀以快速维持中压蒸汽稳定，当减温减压阀开度超过阀位控制设定值时，阀位控制器会缓慢开大到透平的蒸汽调节阀以更节能方式产生中压蒸汽，然后压力控制会减小减温减压阀的开度以维持中压蒸汽。反之亦然。

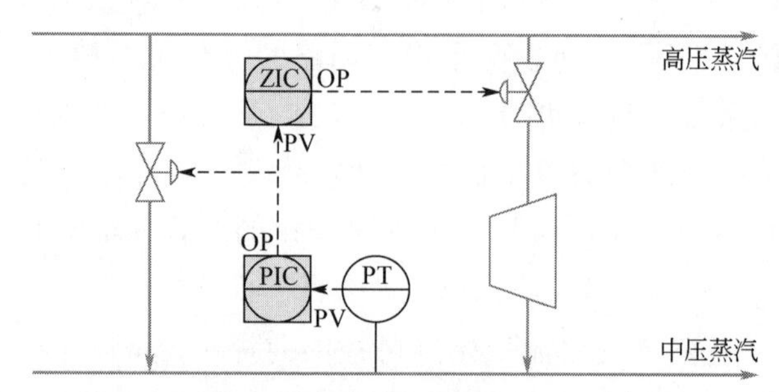

图 6-22　蒸汽减压系统中压总管压力阀位控制

6.7.1 阀位控制的选择

阀位控制的本质是改变控制的自由度，通过“间接影响”实现多种控制手段分工合作的目标。有些控制方案中没有阀位出现但是体现了多种控制手段分工合作，也属于阀位控制的范畴。

首先，阀位控制涉及的工况是单一的，但存在多个相关的控制手段，且各手段之间存在某些冲突或者限制。看起来似乎存在多种要求，但仔细分析就会发现：尽管存在多种手段，但最终目标是统一的。

其次，阀位控制一定涉及了多个控制回路协调的问题，即有多个控制手段需要分工合作、共同完成任务，所以，需要进行多控制回路协调是选择阀位控制的充分条件。

最后，阀位控制一般会存在自由度（控制手段）不足或者过剩的问题。所以，解决自由度问题是阀位控制的必要条件。

调节余量的需求。例如常见的“大小阀控制”，使用两个调节阀（一大一小）来共同控制一个变量，大阀调节幅度大，用来满足定位要求；小阀精度高，用来满足控制精度的要求。乍一看，多了一个控制手段（自由度过剩），但仔细分析会发现二者目标一致，又相互影响，需要配合（多变量协调）：为了保持足够的调节余量，小阀最好处于半开（开度 50%）状态；而大阀的动作会直接影响小阀的开度，所以用小阀实际开度作控制目标，控制大阀，就可以将两个阀门的功能进行有效区分、组合。

特定工艺或安全要求。例如，发酵过程，容器内压力与流量的控制，要求压力尽量稳定，容器内气体必须流通（排气量有要求）。排气流量可以单回路自控，补气的调节阀不直接控制压力，而是以流量调节阀的开度为控制目标，就可以较好实现控制目的。此处需要注意与超驰控制及分程控制的区别。与超驰控制相比，多一个控制手段；与分程控制的区别在于最终目标不同（不是保证压力而是保证气体流通量）。

6.7.2 阀位控制应用

6.7.2.1 流量变频优化控制

当工艺需要流量变化时有两种控制方式：

① 泵流量不变，通过节流调整管路特性曲线改变流量；

② 管路特性曲线不变，通过调整泵转速改变流量。

在同样流量情况下，通过节流控制的能耗高于降速调节能耗，所以变速控制可以节能。泵的工作点由泵的特性和管路特性共同决定，如果在保证扬程的情况下控制流量就需要同时进行节流控制和变速控制。为了适应工艺的变化，流量的变频节能优化控制方案要同时使用变频控制和节流控制。

节流控制流量的方案存在如下问题：

① 只能人为改变频率实现节能，无法根据流量控制的实时情况动态优化控制。

② 泵能力大，能力过剩严重，能耗高，设备损伤大。

常规离心泵变频控制流量的方案存在如下问题：

① 流量变化时，调整不及时；

② 频繁调整变频器容易故障。

为了解决上面这些问题可以采用图 6-23 的流量变频节能优化控制系统。

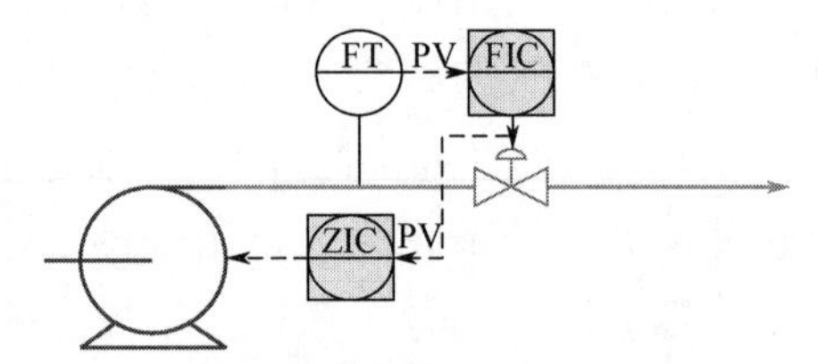

图 6-23　流量变频节能优化控制系统

变频节能控制系统，具体控制策略如下：

① 根据流量控制回路的模式决定节能优化控制系统模式。流量控制系统模式为手动，则节能优化控制系统模式也设置为手动；流量控制系统为自动或串级，则节能优化控制系统模式设置为自动。

② 根据流量调节阀开度与期望开度的差值计算出控制量进行变频器控制，以调节离心泵转速。

为了实现既能流量调节又能根据实际情况节能的目的，推荐的期望开度应该尽量大一些以实现节能的目标。为了保证控制系统始终正常工作，在手动模式时设定值不跟踪测量值。如果存在变频器频率太低影响离心泵寿命的情况，可以设置合理的控制器输出低限。

6.7.2.2　换热器处理量优化

在换热器系统中要首先保证物料出口温度的稳定，在温度稳定的前提下工艺要求实现换热器的处理量最大化。这可以通过如图 6-24 所示的换热器处理量优化控制策略实现。阀位控制器 ZIC 的设定值可以设置为 90%，当蒸汽调节阀阀位大于 90%时，说明换热器负荷太高了，通过阀位控制缓慢降低换热器处理量，可以增加换热器出口温度并通过出口温度控制回路逐渐关小蒸汽调节阀。当蒸汽调节阀阀位小于 90%时，说明换热器负荷还有增加空间，通过阀位控制缓慢增加换热器处理量，可以降低换热器出口温度并通过出口温度控制回路逐渐开大蒸汽调节阀。蒸汽调节阀全开物料出口温度串级进料流量的控制方案，则不能保证控制的快速性和有效性，这种情况换热器处理量优化控制方案是最优方案。

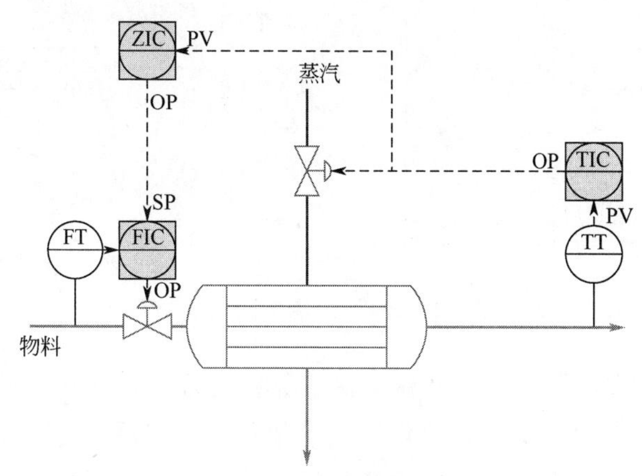

图 6-24　换热器处理量优化控制

6.8　控制方案设计案例

反馈、串级、前馈是三种基本的控制方案，这三种控制方案中反馈控制是最基本、最重要的控制方案，也是过程控制的基础。当反馈控制的性能不能接受时，会根据干扰的形式选择更快干预的串级控制改进或者提前补偿的前馈控制改进。这两种改进方法的选择准则有很大区别，相对也容易把握。串级控制用于处理控制侧干扰，而前馈控制用于处理过程侧干扰。串级控制不要求扰动可检测，但是要求扰动影响副过程变量，能通过副过程变量的稳定快速克服干扰，而且副回路要比主回路快，否则串级控制的抗扰能力会降低。前馈控制要求扰动可检测并能通过操纵变量的提前动作补偿克服干扰的影响，这就要求扰动不能通过操纵变量的稳定克服，只能通过操纵变量的补偿克服。

但是当过程变量或最终控制元件超过一个时，控制方案设计艺术性很强。不同的控制方案看起来都可以实现控制目标，但是如果考虑不周全，选择不恰当的控制方案很容易导致性能下降，甚至不能投用和导致生产安全事故。例如如图 6-25 所示使用冷热水对混合后的水温和水量进行控制，常规的控制方案就是两个单回路。当控制要求和工艺条件发生变化后这样的单回路控制方案有很多隐患，包括：a. 热水或冷水压力波动会影响控制性能；b. 当调整一个过程变量的设定值时另一个过程变量会波动；c. 没有优先级的概念，当热水调节阀饱和后水温会失控，当冷水调节阀饱和后水量会失控。

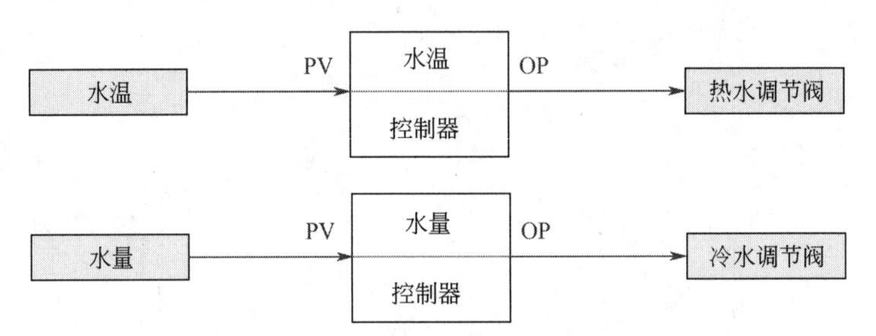

图 6-25　水温水量单回路控制

充分考虑上面的问题并以水温为高优先级过程变量的水温和水量复杂控制如图 6-26 所示，控制方案有：a. 使用流量副回路克服调节阀非线性和控制侧扰动；b. 在水量设定值调整修改冷水流量时，通过比值控制实现热水流量的等比例调节，既克服对水温的影响，也改善水量的调节速度；c. 通过阀位控制器，当热水调节阀全开水温控制可能失控时，重置水量设定值保证水温的可控性。

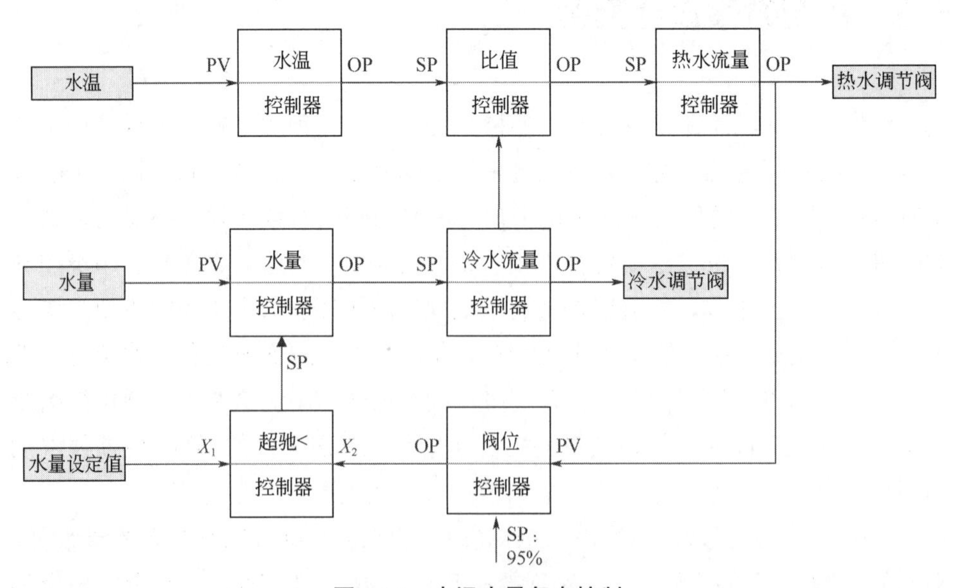

图 6-26　水温水量复杂控制

工艺条件和控制要求决定控制方案设计。虽然操纵变量和被控变量不改变，但是当控制目标、优先级不同时，上述的复杂控制方案需要相应修改。这里我们讨论两类控制策略设计的案例，方便大家借鉴。

6.8.1 一个测量值两个最终控制元件

当存在一个测量值和两个最终控制元件时，典型的控制方案是分程控制。但是实际上这种场景下还有多种控制方案可以选择。可能的控制方案包括：a. 分级控制；b. 分程控制；c. 分配控制；d. 阀位控制。

图 6-27 所示的前系统压力首先使用往后系统去的调节阀进行控制，如果前系统气量太大超过了后系统的处理能力，则可以考虑放空，所以前系统压力采用了两个具有不同设定值的单回路分级控制方案。在正常情况下，PIC1 控制器控制流向下游单元的调节阀，因为压力低于 PIC2 控制器的设定值，所以放空阀门完全关闭。如果气体流量变大，通向后系统的阀门就会完全打开。如果气体流量仍然大于流向后系统的最大流量，则压力将增加到 PIC1 的设定值以上。如果大流量保持足够长的一段时间，压力会超过具有更高设定值的控制器 PIC2 的设定值，此时 PIC2 控制器开始增加放空阀门开度以保证安全。

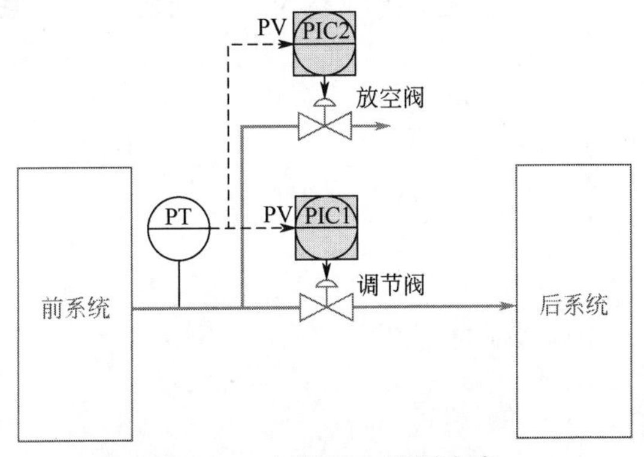

图 6-27　气相压力控制方案

分级设计使用压力缓冲，所以在流向下游单元的流量达到最大值和压力超过 PIC2 的设定值之前没有放空。因此，在短期干扰可能导致压力上升时不会马上被放空。使用两个控制器允许对两个控制器回路单独整定。

两个回路设定值应保持足够差值，防止两个控制回路耦合振荡。两个控制回路应该选择不同的期望闭环时间常数，经常使用的控制回路的 PID 可以正常整定，不经常使用的控制回路要整定得弱一些。另外，在实际使用中当压力快速变化时，由于比例作用，两个控制回路输出可能出现 PIC1 的控制器输出还没有完全打开同时 PIC2 的控制器输出已经打开的情况，所以 PIC2 的 PID 参数需要仔细斟酌，如果控制系统有合适的变增益 PID，使用变增益 PID 也是非常好的方法。

放空调节阀控制压力只有出现异常状况才触发，这样的控制方案设计使两个控制回路单独整定。如果工艺过程能够接受两个回路设定值偏差可能引起的压力波动，而且绝大多数情况下都只需要 PIC1 控制器工作，分级控制就是一种合理的控制方案。大流量保持足够长的一段时间，稍高但是安全的控制器 PIC2 设定值可以充分发挥缓冲效果，从这个角度看分程控制不是合理控制方案。

如果在不同工况下需要交替使用不同的最终控制元件，分程控制往往是首选。例如如图 6-28 所示的储罐压力分程控制方案，储罐在压力不足时补充氮气，当压力超高时放空。虽然交替使用不同最终控制元件，但如果允许压力在一定范围内波动时，使用两个具有不同设定值的单回路分级控制方案也可以考虑。夜晚温度低，储罐压力偏低，使用分程控制就会补充氮气，白天温度上升，储罐压力升高则需要放空。如果储罐在夜晚允许比正常稍低的压力而不补充氮气，白天允许比正常稍高的压力则放空也会减少，有助于减少排放。

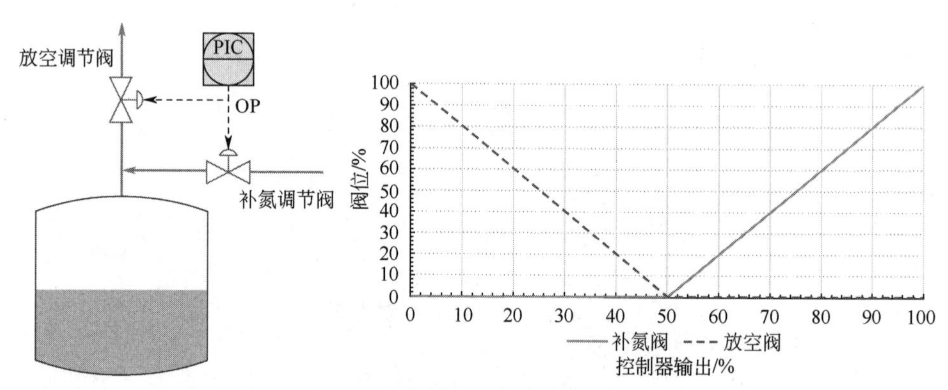

图 6-28　储罐压力分程控制方案

相反，如果是反应器温度控制，不同工况需要交替使用冷热介质，而且温度要求严格控制，则分程控制是首选方案。

有时候两个最终控制元件实际上是一主一备的关系，这时候很多地方也把控制方案设计为两个控制回路。这种情况下设计成两个控制回路是错误的，因为两个控制回路的设定值一样，两个控制回路同时投用时控制回路的互相影响不可避免，此时如果想通过 PID 参数整定克服耦合也是用一个错误纠正另一个错误。正确的控制方案如图 6-29 所示：把控制器的相同输出同时送到两个最终控制元件，也就是分配控制方案。这种控制方案可以任意选择一个最终控制元件进行控制，甚至可以同时使用两个最终控制元件，主阀和备阀的输出与控制器输出都完全重合。分配控制也可以理解为特殊的分程控制。

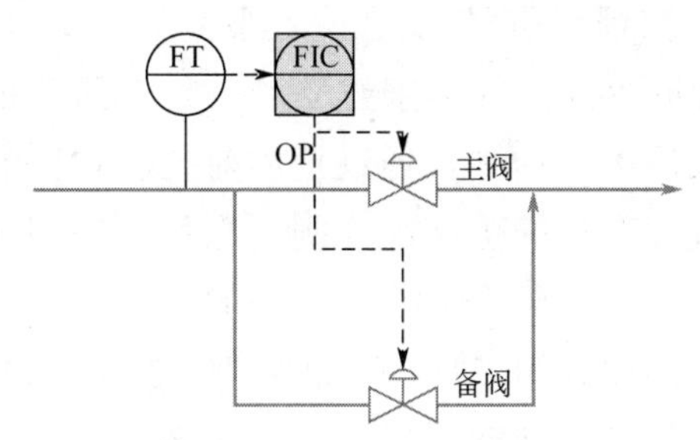

图 6-29　分配控制方案

两个控制回路的设计还会导致只有一个控制回路能切换到自动模式，装置的自控率也会受影响。

如果两个最终控制元件对过程变量的影响在快速性、有效性或经济性上有所不同，则需要充分利用自由度进行控制和协调优化，此时阀位控制才是正确的控制方案。

图 6-30 所示为大小阀流量控制方案。为了保证控制精度，流量控制必须选择小阀进行控制，但是小阀不能保证更大范围流量变化的充分可控，因此必须使用大阀进行可控性补充，即用大阀来保证小阀始终可调节。简单说小阀是控制过程变量的必要性手段，大阀是过程变量可控性补充。这就是大小阀流量控制时采用阀位控制系统的主要目的。

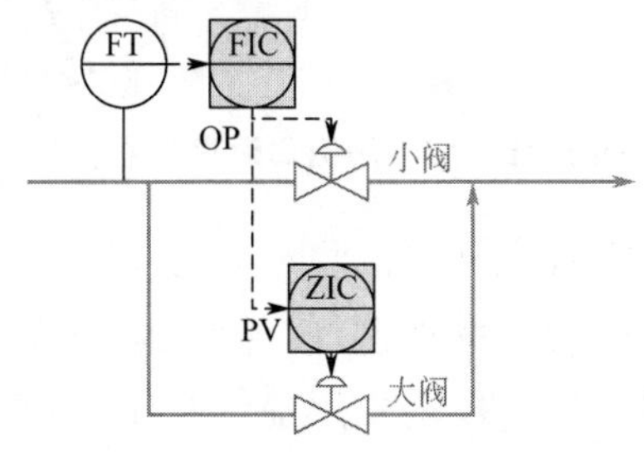

图 6-30　大小阀流量控制方案

阀位控制系统既提供了更大的可调范围，还提供了小阀的灵敏度。当仅使用大阀进行控制时控制系统灵敏度不足，而使用分程控制则无法满足高灵敏度要求。阀位控制系统还消除了分程控制的不连续性。这种情况设计成分程控制或者两个单回路是工业现场常犯的控制方案设计错误。

6.8.2 两个测量值一个最终控制元件

当存在两个测量值一个最终控制元件时，也有多种可能的控制方案，包括：a. 串级控制；b. 前馈-反馈控制；c. 超驰控制；d. 单闭环比值控制等。

串级控制是通过嵌套控制回路来建立的。当有两个过程变量和一个最终控制元件时，可以采用串级控制。通过使用对控制输出响应更快的中间过程变量，可以实现主过程变量的更精准控制。当最终控制元件和主过程变量之间存在显著动态，例如，大纯滞后时间或大时间常数时，串级控制尤其有用。这种方法主要用于解决控制侧干扰。例如在图 6-31 所示的加热炉出口温度串级控制中，燃料气流量控制回路可以快速抑制燃料气压力波动对加热炉出口温度的影响，并克服最终控制元件的非线性。

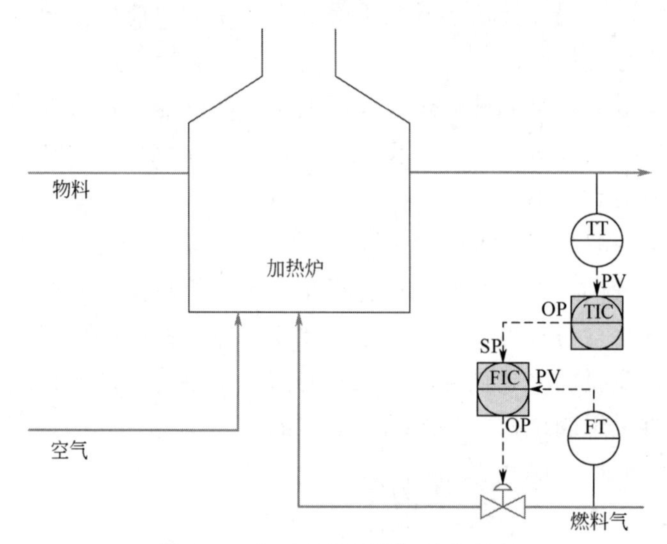

图 6-31　加热炉出口温度串级控制

如果干扰来自过程侧而且可以检测，同时干扰到过程变量的动态特性和控制器输出到过程变量的动态特性接近，则可以考虑静态前馈控制。当两者的动态特性差异很大时，则要慎重使用前馈控制，使用动态前馈往往由于复杂性和鲁棒性而实现不了预期效果。

在图 6-32 所示的换热器出口温度控制方案中，如果没有前馈控制，当物料流量发生变化时会引起换热器出口温度波动，通过使用前馈可以在过程物料流量变化时及时调节加热蒸汽调节阀，从而克服过程物料流量干扰对出口温度的影响。如果换热器出口温度的控制品质仍达不到控制要求，则可以考虑使用更多过程变量的前馈串级组合控制。

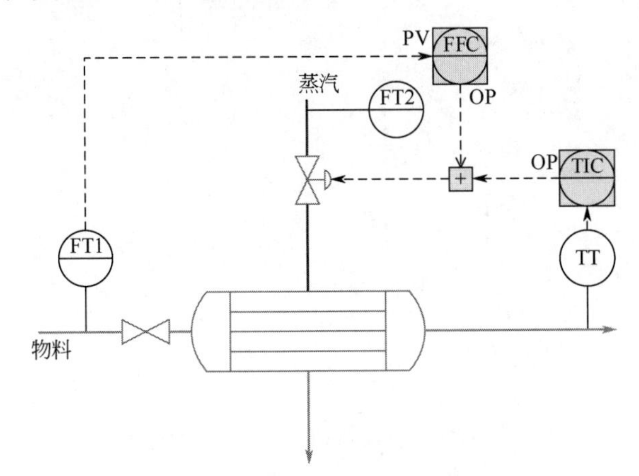

图 6-32　换热器出口温度前馈控制

如果干扰可以通过操纵变量更平稳克服则选择串级控制，如果干扰要通过操纵变量提前补偿克服则可使用前馈控制，如果两种情况都需要考虑，可以使用前馈串级组合控制策略。串级控制和前馈控制的适用情况显著不同，很容易做出正确选择，串级控制用于处理控制侧干扰而前馈控制用于处理过程侧干扰。

当需要对两个过程变量同时进行控制时，超驰控制也是一个可行的方案。超驰控制系统中，只有一个最终控制元件，但是有两个过程变量，其中一个常规的过程变量要求一直维持在其设定值，另一个约束过程变量要求维持在一定的操作范围以确保安全。超驰控制策略使用两个或多个控制器，允许一个控制器采取行动来维持或控制一个过程变量（主控制器），而其他控制器监视别的过程变量（约束变量），如果超出约束，则通过选择器选择。

在压缩机出口流量控制中，一般使用压缩机转速（控制器输出）和压缩机出口流量（过程变量）的简单控制回路就可以实现。但是有时候为了保证前后工段生产负荷均衡，压缩机所输送的气量不能超过前面工段提供的气量，尤其要防止排气量过大，造成抽空吸入空气而发生爆炸。所以必要时可以把压缩机入口压力和流量结合在一起，设计成如图 6-33 所示的超驰控制系统。

正常生产时，流量控制系统工作，压缩机通过控制压缩机转速控制输送气量，如果前面工序负荷降低，而造成入口压力下降，压力控制系统通过低选器自动切上去，把压缩机转速减下来，以保证压缩机入口压力不会过低，防止被抽空。

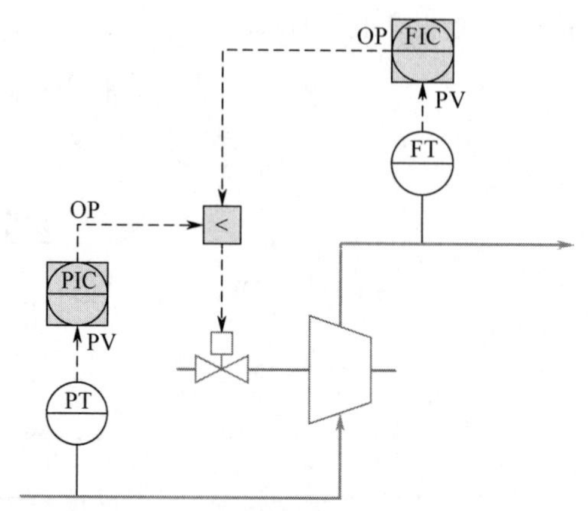

图 6-33　压缩机出口流量超驰控制

有时候需要让两个过程变量的绝对量保持固定比例，这时图 6-34 所示的单闭环比值控制就是标准解决方案。单闭环比值控制系统中，只有一个最终控制元件，两个过程变量中一个无法控制的过程变量称为主过程变量，另一个称为从过程变量。从过程变量和最终控制元件组成单回路，并串级接收由主过程变量乘比率得到的设定值。比值控制是自动前馈控制在实际中单独应用的主要形式。

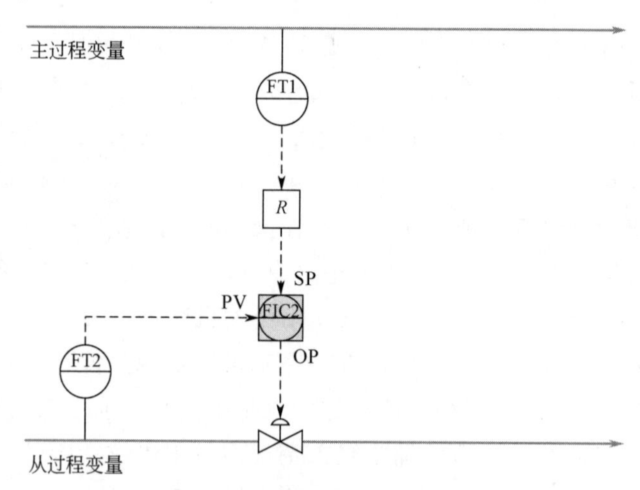

图 6-34　单闭环比值控制系统

6.8.3 控制方案设计原则

单回路反馈控制系统的重点是仪表选型和 PID 参数整定。但是实际工厂控制系统设计要复杂得多，有多个测量、多个控制器或者多个最终控制元件。在控制系统设计中有两种情况都是不合理的：a. 仪表不足，无论是缺少检测元件还是缺少最终控制元件都不能构成完整的闭环控制系统；b. 仪表冗余，控制系统构成中要尽可能为每个最终控制元件都设计控制系统，太多冗余仪表造成控制资产的浪费也要尽量避免。

控制方案的设计原则包括：

① 奥卡姆剃刀原理。解决方案能简单就别复杂。优先使用基础控制、复杂控制解决过程控制问题。过程控制的一个关键教训是：最好的解决方案不是最复杂的解决方案，而是简单和满足要求的解决方案。

② 细节决定成败，规范赢得未来。创造性地解决问题并形成规范是发明复杂控制的主要路径。但是想当然的解决方案而没有突破思维定式不是创造性地解决问题，还是要使用控制系统提供的标准解决方案，特别不建议自己写代码实现。非标准化的解决方案都不利于将来控制系统的管理和知识传播，而且自己写代码容易考虑不周全。

③ 控制方案要综合考虑，有多变量协调优化的思想。在自由度不足时，可以考虑超驰控制和阀位控制。在自由度充足的情况下，串级、前馈、分程、阀位等都是可能的解决方案。基于基础反馈控制解决多变量控制问题，可以充分发挥控制资产的效能。

④ 学以致用，实事求是。掌握工艺原理和过程控制知识，综合考虑工艺要求和现场条件，根据控制目标设计满足生产实际要求的控制方案，不要犯“手里拿着锤子，看什么都像钉子”的错误。

⑤ 来源于实践，高于实践。操作员对装置的干预和过程报警说明有强因果关系，都是控制系统设计方案的来源。如果装置的生产过程自动化水平足够高，应该能满足装置安全、环境、效益、效率等要求。一般通过复杂控制系统的投用和完善可以实现这些要求。

复杂控制系统在多变量模型预测控制算法应用之前是解决复杂过程控制问题的主要方法。但是复杂控制系统的设计难度较高，有很强的艺术性。越是底层的控制系统就越和工艺过程结合得紧密，针对性越强、灵活性越差。这一点增加了过程控制工程师掌握复杂控制系统设计的难度。

二十世纪八十年代推出的多变量模型预测控制工业算法，实际上是通过一个鲁棒性很强的方法将多变量复杂控制系统设计放到一个统一框架里进行应用，从而降低了多变量控制系统设计的难度。在一些国家，过程控制应用水平较高，所以过渡到多变量模型预测控制就比较顺畅和自然。如果多变量复杂控制系统设计的能力不足，过程控制水平不高，想简单通过多变量模型预测控制解决过程控制问题还是有很大难度。现在有人希望通过“云大物智移”（云计算、大数据、物联网、人工智能、移动互联网）解决装置过程控制问题，这个思路有待商榷。生产过程自动化是企业生产运营的本质要素，本质要素不可能通过赋能工具改善。

想提高装置的生产过程自动化水平还是要从 PID 参数整定和复杂控制方案设计入手，掌握多变量复杂控制系统设计的核心思想。这样才能提高控制资产效能，为实现过程工业智能制造打下坚实的基础。

6.9 结论

经典复杂控制来源于实践，其实反映了工程师解决控制问题的思路，是解决问题方法的组合。复杂控制可以分两类：单入单出（SISO）过程的控制改进和多变量逻辑协调优化。单入单出过程的控制改进包括：a. PID 算法的改进，例如比例微分先行、抗积分饱和、变增益……；b. 控制算法改进，例如内模控制、自抗扰控制、模糊控制、专家控制……；c. PID 变结构改进，主要是克服控制侧干扰的串级控制改进和克服过程侧干扰的前馈控制改进。第一种改进归类到 PID 算法本身，这类技巧改进标准的 PID 控制模块一般都包括。第二类改进由于不是工业实际使用的标准算法，可以归类到广义的先进控制范畴，这一类也不属于经典复杂控制的内容。这样只有第三种 PID 变结构改进属于经典复杂控制。

任何单入单出过程控制问题首先想到使用 PID 单回路解决。如果单回路的性能不能满足要求，就要考虑串级和/或前馈改进。如果闭环性能还是不能满足控制要求，建议的考虑方向是变量配对改进、设备改进、工艺改进。

过程工艺非常复杂，很多都是多变量的控制问题。经典复杂控制的很多改进都是为了扩展 PID 的多变量协调优化能力。多变量控制的实现方式包括：a. 多变量控制算法，包括模型预测控制、解耦控制等；b. 自己写代码的专家系统；c.基于 PID 的多变量协调优化。第一类没有基于 PID 不属于复杂控制。虽然自己写代码可以很容易地实现特殊控制要求，但是第二类自己写代码实现协调优化是非标准的工作方法不推荐。很显然第三种才属于我们说的经典复杂控制。

我们现在非常清晰地把涉及多变量协调的经典复杂控制分为三类：a.被控变量优先级切换的超驰控制；b.操纵变量优先级切换的分程控制；c.操纵变量优先级切换的阀位控制。如果不存在 MV 饱和或者本质是单入多出/多入单出的系统，可能只需要被控变量或者操纵变量的优先级切换算法。分程控制适用于直接到多个最终控制元件，并按固定顺序使用的多操纵变量场合。优先使用分程控制解决多操纵变量协调问题，如果涉及状态串级、快速性和经济性的不同等，就需要使用阀位控制来解决多操纵变量协调。一般来说阀位控制的速度要慢一些，更侧重优化。多被控变量和多操纵变量的系统设计要根据变量间的关系从优先级和自由度分析入手。常见的多变量控制系统的方案都是基于分程/阀位 + 超驰控制。基础组件和逻辑工具构成了复杂控制方案设计的核心，这些类似于多变量模型预测控制的软件功能。由于实际过程问题多种多样，在解决问题的过程中形成了一些复杂控制的高级应用，例如三冲量控制本质是前馈串级的组合控制，交叉限幅属于多变量复杂逻辑优化，常见的支路温度平衡也是使用多个复杂控制组件的复杂控制高级应用。具体控制方案设计中，随着控制目标、工艺条件的不同，可能控制方案也显著不同。例如交叉限幅要比比值控制复杂很多，支路流量耦合的流量控制要比单回路流量控制复杂很多。

为了实现工艺目标，控制系统设计必须包括具有适当能力的设备，提供测量和操纵手段，并设计正确且灵活的控制系统以应对正常和异常情况。反馈控制是一切控制策略改进的基础。当单回路控制性能不能满足要求时，可以考虑克服控制侧干扰的串级控制改进和克服过程侧干扰的前馈控制改进。而比值控制是一种特殊前馈，往往和反馈控制回路组合使用。单回路、串级控制和前馈控制是最常用的单目标控制策略。这三种控制策略选择的原则和依据非常清晰，是多变量协调优化的基础解决方案。

当有多个最终控制元件和/或多个过程变量时，就必须通过逻辑优化使系统满足运行目标。当有多个被控变量一个操纵变量时，需要考虑被控变量控制目标的优先级，通过超驰控制的方式实现。当有一个被控变量、多个操纵变量时，则：a.如果操纵变量按固定顺序使用，通过分程控制实现；b.如果考虑多个操纵变量的有效性和经济性，不希望使用其他操纵变量进行主控，可以通过阀位控制实现；c. 允许被控变量在一定范围波动，则可以考虑分级控制使用不同的操纵变量。

当有耦合的多个被控变量和操纵变量时，要首先进行被控变量的优先级排序，然后考虑被控变量和操纵变量的配对原则，特别是在操纵变量饱和导致自由度变化后的控制要合理完整。这种最优的控制方案和变量间的关系、优先级有关，如果默认的变量配对不能满足要求，则需要同时使用超驰控制和分程控制、超驰控制和阀位控制来更新配对原则。

尽管复杂控制在处理许多复杂的控制问题时往往效果显著，但其设计和实现可能非常困难。在选择最佳的复杂控制方案时，对控制要求的正确理解和对这些功能块的充分了解至关重要。一个复杂的控制方案，简单性和可靠性总是控制设计的重中之重，因此最好的解决方案总是适合于目的的。通常有不止一种方法来实现相同的控制目标，但控制性能可能有很大的不同。最优和非最优控制设计之间的差别有时非常小。非最优设计可能会在其整个生命周期中提供低于标准的性能，而且通常还会增加维护负担。

这些复杂控制策略简单易行，往往可以极大地扩展单回路反馈控制的能力，但仅限于低维系统。用这些方法来实现一个具有许多被控变量和操纵变量的变量协调优化是非常困难的。高维多变量协调优化问题要依赖于多变量模型预测控制算法。

附录

PID

附录 1 Lambda 整定方法推导

理解本章内容需要掌握拉普拉斯变换和传递函数等控制领域相关知识。这部分知识内容超过了本书的范畴，本章直接使用了这些知识。

Lambda 整定方法的推导使用了分析设计方法，基于附图 1 的简化控制框图。

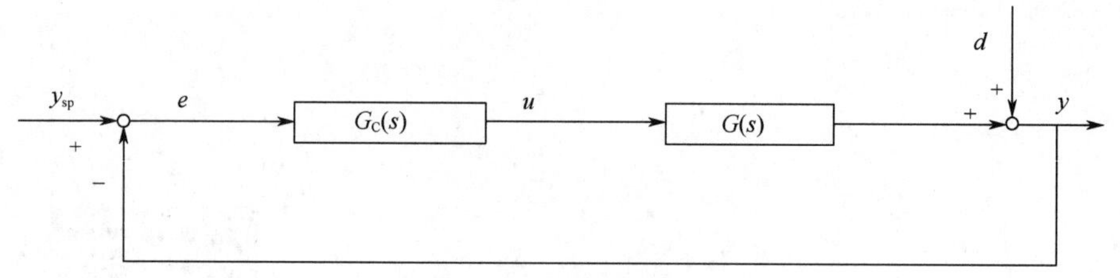

附图 1 简化的控制框图

主通道闭环传递函数：

$$\frac{y(s)}{y_{sp}(s)}=\frac{G_C(s)G(s)}{1+G_C(s)G(s)} \tag{1}$$

控制器传递函数：

$$G_C(s)=\frac{1}{G(s)}\times\frac{\frac{y(s)}{y_{sp}(s)}}{1-\frac{y(s)}{y_{sp}(s)}} \tag{2}$$

1. 自衡对象 Lambda 整定方法推导

被控对象传递函数：

$$G(s)=\frac{K}{Ts+1}e^{-\tau s} \tag{3}$$

闭环控制不能消除纯滞后时间，所以设闭环传递函数仍有不变的纯滞后时间。闭环时间常数 λ 表示设定值阶跃变化时过程的响应速度。期望的闭环传递函数为：

$$\frac{y(s)}{y_{sp}(s)}=\frac{1}{\lambda s+1}e^{-\tau s} \tag{4}$$

将式（4）代入式（2），得：

$$G_{\mathrm{C}}(s)=\frac{1}{G(s)}\times\frac{\frac{1}{\lambda s+1}\mathrm{e}^{-\tau s}}{1-\frac{1}{\lambda s+1}\mathrm{e}^{-\tau s}} \tag{5}$$

$$G_{\mathrm{C}}(s)=\frac{1}{G(s)}\times\frac{\mathrm{e}^{-\tau s}}{\lambda s+1-\mathrm{e}^{-\tau s}} \tag{6}$$

将式（3）代入式（6），得：

$$G_{\mathrm{C}}(s)=\frac{Ts+1}{K}\times\frac{1}{\lambda s+1-\mathrm{e}^{-\tau s}} \tag{7}$$

对式（7）中的纯滞后时间使用一阶泰勒展开近似：

$$\mathrm{e}^{-\tau s}\cong 1-\tau s \tag{8}$$

$$\begin{aligned}G_{\mathrm{C}}(s)&\cong\frac{Ts+1}{K}\times\frac{1}{\lambda s+1-1+\tau s}=\frac{Ts+1}{K}\times\frac{1}{(\tau+\lambda)s}\\&=\frac{T}{K(\tau+\lambda)}\left(1+\frac{1}{Ts}\right)=K_{\mathrm{C}}\left(1+\frac{1}{T_{\mathrm{I}}s}\right)\end{aligned} \tag{9}$$

故：

$$K_{\mathrm{C}}=\frac{T}{K}\times\frac{1}{\tau+\lambda}\qquad T_{\mathrm{I}}=T \tag{10}$$

从正文我们知道，即使被控对象并不是一阶纯滞后对象，仍可以通过在响应曲线中获得一阶纯滞后控制模型参数，得到可以实现稳定控制的 PID 参数，而且 λ 仍可以反映闭环控制性能的快慢并遵循 $\lambda\geqslant\tau$。

下面分析 λ 的选择原则分析。

使用 Lambda 整定公式后的闭环传递函数为：

$$\frac{\frac{1}{(\lambda+\tau)s}\mathrm{e}^{-\tau s}}{1+\frac{1}{(\lambda+\tau)s}\mathrm{e}^{-\tau s}}=\frac{1}{(\lambda+\tau)s+\mathrm{e}^{-\tau s}}\mathrm{e}^{-\tau s} \tag{11}$$

对分母纯滞后进行一阶 Padé 近似：

$$\mathrm{e}^{-\tau s}\cong\frac{1-0.5\tau s}{1+0.5\tau s} \tag{12}$$

闭环传递函数近似为：

$$\frac{e^{-\tau s}}{(\lambda+\tau)s+\dfrac{1-0.5\tau s}{1+0.5\tau s}}=\frac{1+0.5\tau s}{(\lambda+\tau)0.5\tau s^2+(0.5\tau+\lambda)s+1}e^{-\tau s} \tag{13}$$

当 $\lambda=\tau$，闭环传递函数为：

$$\frac{1+0.5\tau s}{\tau^2 s^2+1.5\tau s+1}e^{-\tau s} \tag{14}$$

典型二阶系统为：

$$\phi(s)=\frac{1}{\dfrac{1}{\omega_n^2}s^2+2\dfrac{\xi}{\omega_n}s+1} \tag{15}$$

不同 ξ 时二阶系统的阶跃响应曲线如附图 2 所示。式（14）对应的参数：

$$\frac{1}{\omega_n^2}=\tau^2 \Longrightarrow \frac{1}{\omega_n}=\tau \tag{16}$$

$$2\frac{\xi}{\omega_n}=1.5\tau \Longrightarrow \xi=0.75 \tag{17}$$

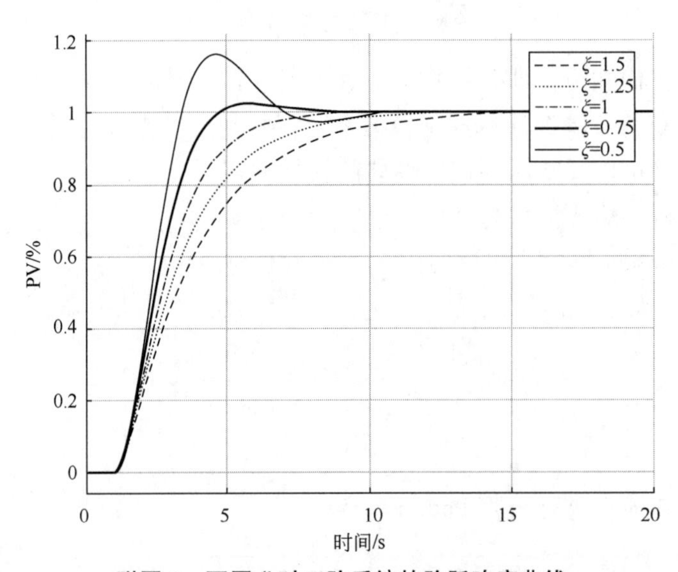

附图 2　不同 ξ 时二阶系统的阶跃响应曲线

所以当 $\lambda=\tau$，闭环的设定值跟踪会发生超调。此时闭环传递函数并不是期望的一阶纯滞后响应，这是纯滞后的近似造成的，这也是 Lambda 整定方法推荐的最强控制作用。同理，当 $\lambda=2\tau$ 时，闭环设定值跟踪无超调。

2. 积分对象 Lambda 整定方法推导

被控对象可以用积分纯滞后对象描述，传递函数为：

$$G(s)=\frac{K}{\Delta Ts}\mathrm{e}^{-\tau s} \tag{18}$$

闭环控制不能消除纯滞后时间，所以设闭环传递函数仍有不变的纯滞后时间。闭环时间常数 λ 表示设定值阶跃变化时过程的响应速度。期望的闭环传递函数为：

$$\frac{y(s)}{y_{\mathrm{sp}}(s)}=\frac{1}{\lambda s+1}\mathrm{e}^{-\tau s} \tag{19}$$

将闭环传递函数式（19）代入方程式（2），得：

$$G_{\mathrm{C}}(s)=\frac{1}{G(s)}\times\frac{\frac{1}{\lambda s+1}\mathrm{e}^{-\tau s}}{1-\frac{1}{\lambda s+1}\mathrm{e}^{-\tau s}} \tag{20}$$

$$G_{\mathrm{C}}(s)=\frac{1}{G(s)}\times\frac{\mathrm{e}^{-\tau s}}{\lambda s+1-\mathrm{e}^{-\tau s}} \tag{21}$$

将模型式（18）代入式（21），得：

$$G_{\mathrm{C}}(s)=\frac{\Delta Ts}{K}\times\frac{1}{\lambda s+1-\mathrm{e}^{-\tau s}} \tag{22}$$

对纯滞后使用一阶泰勒展开近似：

$$\mathrm{e}^{-\tau s}\cong 1-\tau s \tag{23}$$

控制器传递函数近似为：

$$G_{\mathrm{C}}(s)\cong\frac{\Delta Ts}{K}\times\frac{1}{\lambda s+1-1+\tau s}=\frac{\Delta T}{K}\times\frac{1}{\tau+\lambda}=K_{\mathrm{C}} \tag{24}$$

对积分纯滞后对象使用纯比例控制就能满足主通道的控制要求：

$$K_C = \frac{\Delta T}{K} \times \frac{1}{\tau + \lambda} \tag{25}$$

积分对象的比例增益计算公式和自衡对象类似，λ 反映了闭环控制性能的快慢。λ 的选择依据和自衡对象的推导过程一样，这里不再赘述。所以也有结论：当 $\lambda=\tau$ 时，闭环的设定值跟踪会发生超调。这也是 Lambda 整定方法推荐的最强控制作用。同理当 $\lambda=2\tau$ 时，闭环设定值跟踪无超调。

3. 积分对象纯比例控制

实际情况中，干扰可能具有和被控对象一样的积分特性。例如水箱或储罐的进出流量对液位都有积分特性。如附图 3 所示。

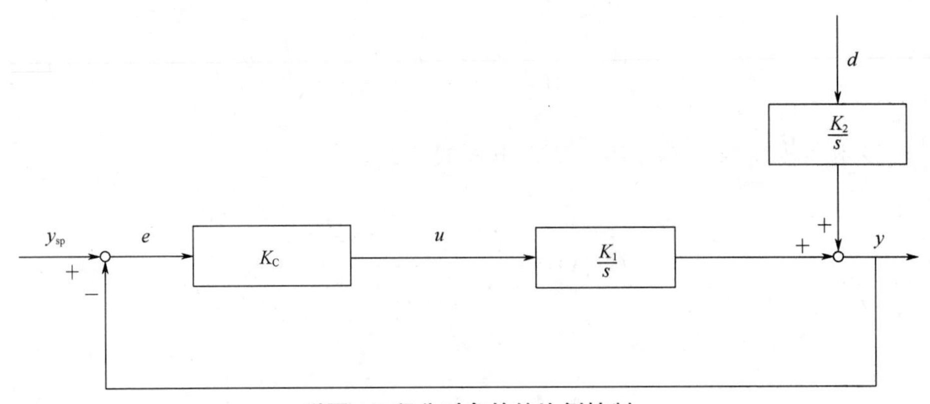

附图 3　积分对象的纯比例控制

扰动到过程变量的闭环传递函数为：

$$\frac{y(s)}{d(s)} = \frac{\frac{K_2}{s}}{1 + K_C \frac{K_1}{s}} \tag{26}$$

$$\frac{y(s)}{d(s)} = \frac{\frac{K_2}{K_C K_1}}{\frac{1}{K_C K_1} s + 1} \tag{27}$$

此时对纯积分对象的扰动通道而言，干扰会导致系统产生余差。随着比例作用增强，余差逐步减小。

即使被控对象是积分对象，考虑到扰动的复杂性，为了消除余差，也推荐使用比例积分控制而不是纯比例控制。

关键是积分时间如何设置才能既避免振荡，又能消除余差。当然积分时间太大不会振荡，但是消除余差的能力会比较弱。

4. 积分对象比例积分控制

附图 4 中针对积分对象使用比例积分控制。

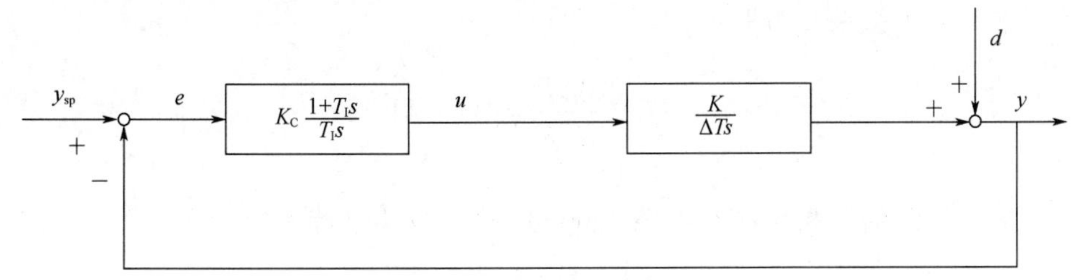

附图 4　积分对象比例积分控制

传递函数为：

$$\frac{y(s)}{y_{sp}(s)}=\frac{K_C\frac{1+T_I s}{T_I s}\times\frac{K}{\Delta Ts}}{1+K_C\frac{1+T_I s}{T_I s}\times\frac{K}{\Delta Ts}} \tag{28}$$

$$=\frac{K_C K T_I s+K_C K}{T_I \Delta T s^2+K_C K T_I s+K_C K} \tag{29}$$

$$=\frac{T_I s+1}{\frac{T_I \Delta T}{K_C K}s^2+T_I s+1} \tag{30}$$

闭环传递函数的两个极点位置决定了被控对象是否振荡。根据韦达定理，极点的位置取决于根的情况由判别式（$\Delta=b^2-4ac$）决定，当判别式大于等于 0 方程式有两个实根时，被控对象阶跃响应不振荡，否则方程式有两个共轭虚根，被控对象阶跃响应振荡。

$$(T_I)^2-4\frac{T_I \Delta T}{K_C K}\geqslant 0 \tag{31}$$

$$K_C T_I \geqslant \frac{4\Delta T}{K} \tag{32}$$

对纯积分对象而言，当使用比例积分控制时，K_C 或者 T_I 足够大使得两者的乘积大于某个值，则积分对象比例积分控制的闭环系统都不会振荡。当比例增益减小时，积分时间要加大才能保证闭环系统不振荡，当比例增益增加时，积分时间即使适当减小闭环系统也不会振荡。这是积分对象和自衡对象的显著区别。但是纯积分对象的闭环响应无论如何都会出现超调，这个超调是由闭环传递函数的零点造成的。

推荐的不振荡积分时间为：

$$T_I = \frac{4\Delta T}{K_C K} = 4(\tau + \lambda) \tag{33}$$

基于上面的分析，积分对象 Lambda 整定方法推荐参数为：

$$K_C = \frac{\Delta T}{K} \times \frac{1}{\tau + \lambda} \qquad T_I = 4(\tau + \lambda) \tag{34}$$

为了克服积分对象纯比例控制有余差而引入积分作用后的 Lambda 整定方法，是对理论方法的工程化处理。工程化处理后的积分对象 Lambda 整定方法中 λ 仍然可以反映闭环响应速度，但是实际的闭环响应就不是期望的一阶纯滞后响应，而是始终都有超调的响应。

附录 2　基于响应曲线的控制模型辨识工程方法

在 Lambda 整定方法和期望闭环时间常数取值范围确定后，现场整定过程的难点过渡到如何获取被控对象的控制模型。在实际自衡对象中，大部分都不是标准的一阶纯滞后对象，很多人进行了模型辨识和降阶的工作。这些以准确拟合为目标的降阶方法得到的一阶纯滞后控制模型不适用于 Lambda 整定。为了方便工程应用，我们提出了一种基于响应曲线的控制模型辨识工程方法。原方法在高阶多容对象中容易低估纯滞后时间，从而引起不必要的振荡。对分割点改进后的方法还是通过在响应曲线作图找到控制模型参数：等效模型增益、等效时间常数和等效纯滞后。改进后的工作流程如下：

在初始稳态条件下做开环阶跃测试。将控制器的输出（OP）进行幅度为 ΔOP 的阶跃改变并保持，过程变量（PV）将会发生改变并最终稳定变化。这种描述系统或过程中输入与输出关系的曲线称为“过程响应曲线”。在许多领域，都使用响应曲线进行分析和优化过程的性能。

观察过程响应曲线，当该曲线随着时间按照固定斜率变化时，表示过程变量的动态过程结束，可以结束开环阶跃测试。

阶跃响应曲线如附图 5 所示。取开环阶跃测试开始的坐标（时间点，过程变量值）为“初始点”，过程变量以固定斜率变化之后的任一坐标（时间点，过程变量值）作为“对角点”，建立一个矩形。工业中自衡过程变量常常以固定 0 斜率稳定变化。矩形的上下边距离为 ΔPV。

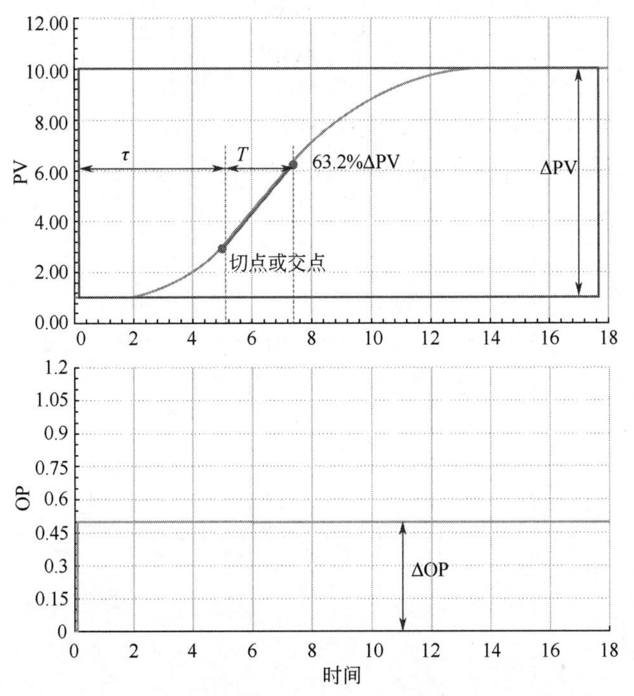

附图 5　基于响应曲线的控制模型辨识工程方法 1

为了描述被控变量的主要动态过程，我们需要确定响应曲线第一次到达 63.2%ΔPV 的位置。从“初始点”到该位置的时间是等效纯滞后时间和等效时间常数的总和。现在要将这个时间段分割为等效纯滞后时间和等效时间常数。从响应曲线第一次到达 63.2%ΔPV 的位置出发，沿响应曲线向初始点方向作响应曲线的切线或交线，切点或交点就是分割点。如果是一阶模型，分割点会在矩形的底边；如果是多容模型，分割点会在响应曲线上。

初始点到分割点的时间为等效纯滞后时间 τ，分割点到 63.2%ΔPV 的时间为等效时间常数 T。系统等效纯滞后时间一般包括真实纯滞后时间、反向时间、小时间常数时间等。

如果是一阶对象，交点会在实际纯滞后时间，此时等效纯滞后时间等于实际纯滞后时间，等效时间常数等于实际时间常数。如果是多容对象，则会和响应曲线相切，此时等效纯滞后时间大于实际纯滞后时间。等效纯滞后时间和等效时间常数的总和不变，在参数估计中，为了增加鲁棒性，倾向于高估等效纯滞后时间，低估等效时间常数。

等效模型增益：

$$K = \frac{\Delta \mathrm{PV}}{\Delta \mathrm{OP}} \tag{35}$$

工业中积分过程变量以固定非 0 斜率稳定变化，也可以使用上面的类似方法进行工程辨识。阶跃响应曲线如附图 6 所示。矩形的上下边距离为 ΔPV。

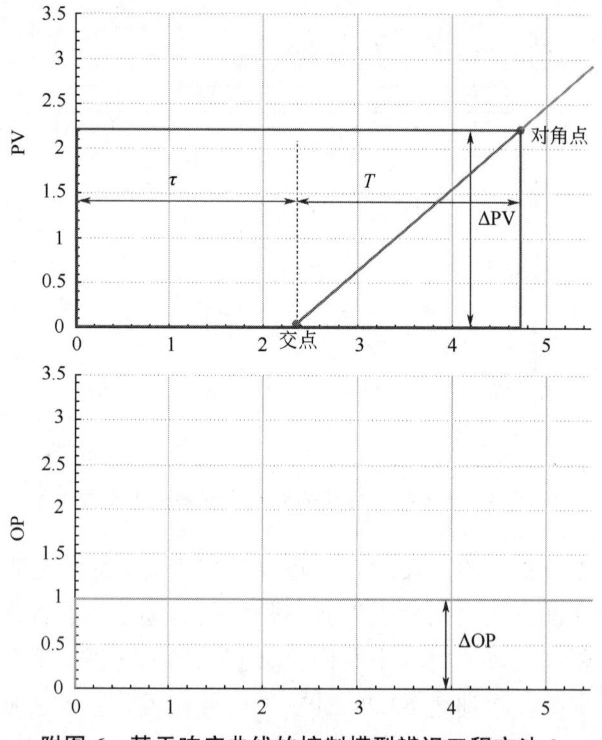

附图 6　基于响应曲线的控制模型辨识工程方法 2

此时，从“初始点”到对角点的时间是等效纯滞后时间和等效时间常数的总和。现在要将这个时间段分割为等效纯滞后时间和等效时间常数。从对角点的位置出发沿响应曲线向初始点方向作响应曲线的切线，切线与矩形的底边的交点为分割点。

初始点到分割点的时间为等效纯滞后时间 τ，分割点到对角点的时间为等效时间常数 T。系统等效纯滞后时间一般包括真实纯滞后时间、反向时间、小时间常数时间等。

此时 Lambda 整定方法可以合并为：

$$K_C = \frac{T}{K} \times \frac{1}{\tau + \lambda} \quad T_I = \begin{cases} T & \text{斜率为0} \\ 4(\tau + \lambda) & \text{斜率非0} \end{cases} \tag{36}$$

附录 3　Lambda 整定方法的频域分析

为了方便计算我们假设：

$$\lambda = a\tau \tag{37}$$

其中，a 为大于等于零的常数。

如上所述系统的开环传递函数：

$$G_C(s)G(s) = \frac{T}{K(\tau + a\tau)}\left(1 + \frac{1}{Ts}\right)\frac{K}{Ts+1}e^{-\tau s} = \frac{e^{-\tau s}}{(1+a)\tau s} \tag{38}$$

上面的公式说明一阶纯滞后对象使用 Lambda 整定方法进行整定的闭环性能只和纯滞后时间、期望闭环时间常数相关。闭环性能和时间常数或者 τ / T 无关，也就是说这个整定方法适用于时间常数主导对象和纯滞后主导的所有一阶纯滞后对象。另外一个纯纯滞后对象的 Lambda 整定将得到一个纯积分控制器。

增益穿越频率 ω_c 满足：

$$\left|G_C(j\omega_c)G(j\omega_c)\right| = \left|\frac{e^{-\tau j\omega_c}}{(1+a)\tau j\omega_c}\right| = \left|\frac{1}{(1+a)\tau j\omega_c}\right| = 1 \tag{39}$$

求得：

$$\omega_c = \frac{1}{(1+a)\tau} \tag{40}$$

相位裕度 PM 为：

$$G_C(j\omega_c)G(j\omega_c) = \frac{e^{-\tau j\omega_c}}{(1+a)\tau j\omega_c} = \frac{1}{j}e^{-j/(1+a)} \tag{41}$$

$$PM = 180 + \varphi(\omega_c) = 180 - 90 - \frac{1}{1+a} \times 57.3 = 90 - \frac{1}{1+a} \times 57.3 \tag{42}$$

相位穿越频率 ω_g 满足：

$$-\frac{\pi}{2} - \tau\omega_g = -\pi \tag{43}$$

求得：

$$\omega_g = \frac{\pi}{2\tau} \tag{44}$$

幅值裕度 K_g 为：

$$K_g = \frac{1}{\left|G_C(j\omega_g)G(j\omega_g)\right|} = \frac{1}{\left|\dfrac{1}{(1+a)\tau j\dfrac{\pi}{2\tau}}\right|} = \frac{1+a}{2}\pi \tag{45}$$

则增益裕度 GM（单位为 dB）为：

$$GM = 20\lg K_g = 20\lg\left(\frac{1+a}{2}\pi\right) \tag{46}$$

根据式（42）相位裕度、式（45）幅值裕度和式（46）增益裕度计算公式，不同 λ 的裕度计算结果见附表 1。

附表 1　不同 λ 的裕度分析

λ	相位裕度/(°)	幅值裕度	增益裕度/dB
0τ	32.7	$0.5\pi = 1.57$	3.92
0.5τ	51.8	$0.75\pi = 2.37$	7.44

续表

λ	相位裕度/(°)	幅值裕度	增益裕度/dB
1τ	**61.4**	**$\pi = 3.14$**	**9.94**
1.5τ	67.1	$1.25\pi = 3.93$	11.88
2τ	70.9	$1.5\pi = 4.71$	13.46
2.5τ	73.6	$1.75\pi = 5.50$	14.80
3τ	75.7	$2\pi = 6.28$	15.96

$a=0$ 时，无论是从相位裕度还是幅值裕度看都有问题，鲁棒性和性能同时欠佳。$a=0.5$，则幅值裕度为 2.36，相位裕度超过 45°。这个比例增益相当于等幅振荡比例增益的 $1/2.36 \approx 0.42$，和 ZN 整定方法中 PI 控制器推荐的等幅振荡比例的 0.45 倍比较接近。当 $\lambda=\tau$ 时相位裕度和幅值裕度分别达到 61.4° 和 π，这两个参数都非常接近工程推荐的最佳裕度。随着 λ 的增加，相位裕度和幅值裕度越来越多。当 $\lambda=1.5\tau$ 时，幅值裕度达到 3.93，这时候设定值阶跃响应略微有一点超调。期望闭环时间和被控对象的纯滞后时间相关，期望闭环时间常数和被控对象时间常数相关是错误的认识。当 $\lambda=3\tau$ 时，闭环系统的鲁棒性非常高，除非有特殊要求，否则不建议 λ 取更大的值。

真正准确的临界阻尼要用根轨迹的分离点公式求得：

$$\frac{\mathrm{de}^{-\tau s}}{\mathrm{d}s} \times (1+a)\tau s = \mathrm{e}^{-\tau s} \times \frac{\mathrm{d}\left[(1+a)\tau s\right]}{\mathrm{d}s} \Rightarrow s = -\frac{1}{\tau} \tag{47}$$

由分离点定义可知：

$$(1+a)\tau s = -\mathrm{e}^{-\tau s} \overset{s=-\frac{1}{\tau}}{\Rightarrow} 1+a = \mathrm{e} \Rightarrow a \approx 1.72 \tag{48}$$

故当 $1+a=\mathrm{e}$ 时，闭环特性达到临界阻尼，设定值阶跃响应就实现了无超调的最快响应。

考虑到被控时间对象的复杂，在工程整定中，将 $\lambda=\tau$ 当作最强参数是合理的。此时的 PI 控制器参数为：

$$K_{\mathrm{C}} = \frac{T}{2K\tau} \qquad T_{\mathrm{I}} = T \tag{49}$$

附录 4 Lambda 整定方法的补充

可以通过选择大的期望闭环时间常数根据 Lambda 整定公式得到较小的比例增益，从而避免设定值变化或者干扰发生时控制器输出卡限选择 $\lambda=3\tau$，如果还是感觉控制器输出变化太大，可以考虑设定值滤波、2 自由度 PID 或者比例先行 PID 形式。选择更大的 λ，会造成抗扰性能的降低。

如果一个被控对象的纯滞后非常小，而且对抗扰性能要求不高，可以选择一个更合理但是更小的比例增益。此时还可以通过减小积分时间、增强积分作用获得有超调无振荡的闭环响应，这个积分时间的计算公式如下：

$$T_{\mathrm{I}}=\frac{2KK_C}{1+2KK_C}\left(T+\tau\right) \tag{50}$$

如果有意识地想降低闭环响应速度，直接增加 λ 即可。如果选择小的比例增益又想有性能的改进，可以使用式（50）减小积分时间。

纯滞后主导对象即使采用最强 Lambda 参数，为了保证性能，比例增益也会太小。当被控对象是纯纯滞后对象时，Lambda 整定推荐的 PI 控制器为纯积分控制器。当被控对象为 $\tau/T>2$ 的对象时，为了性能更优，推荐的 PI 控制器参数为：

$$K_{\mathrm{C}}=\frac{1}{4K}\quad T_{\mathrm{I}}=\frac{T+\tau}{3} \tag{51}$$

式（51）说明可能对所有自衡对象存在稳定 PID 控制的比例增益下限。这个下限与模型增益成反比，高估模型增益会提高闭环系统鲁棒性。同样的道理，高估时间常数和纯滞后时间的和也能提高闭环系统鲁棒性。

纯纯滞后被控对象能够控制的一组 PI 参数一定适用于大纯滞后自衡对象和所有一阶纯滞后对象。这也意味着应该存在最小的比例增益。

① 如果比例增益小于 $1/(4K)$系统还是振荡，则肯定是积分作用太强引起的。

② 如果比例增益大于 $1/(4K)$系统振荡，模型准确的话，$1/(4K)$和$(T+\tau)/3$就能控制住。

③ 大纯滞后对象可以用一组参数 $1/(4K)$和$(T+\tau)/3$ 进行控制。

如果把模型增益估计错了则另当别论。这个参数随着 τ/T 的减少会逐渐偏离最优值，这对大纯滞后对象影响不大。当 τ/T 小于 1 以后，由于最强比例增益为 $T/(2K\tau)$，远远大于 $1/(4K)$，使用通解闭环性能还有很大改进空间。

“似乎 τ/T 越大，相位裕度越接近教科书里的理想值 60°。τ/T 小了，相位裕度会过大。”所以 PI 参数 $1/(4K)$和$(T+\tau)/3$ 在工程上作为 PID 参数整定的通解，将 $1/(4K)$作为比例增益的下限是可行的。

参考文献

[1] Åström K J, Murray R M. Feedback systems: an introduction for scientists and engineers[M]. Princeton: Princeton University Press, 2008.

[2] 王骥程，祝和云. 化工过程控制工程[M]. 北京：化学工业出版社，1991.

[3] 金以慧. 过程控制[M]. 北京：清华大学出版社，1993.

[4] Cooper D J. Practical process control: using loop-pro[M]. Tolland: Control station, 2005.

[5] Practical process control: fundamentals of instrumentation and process control[M]. Tolland: Control station, 2005.

[6] Samad T, Bauer M, Bortoff S, et al. Industry engagement with control research: perspective and messages[J]. Annual Reviews in Control, 2020, 49: 1-14.

[7] Åström K J, Kumar P R. Control: a perspective[J]. Automatica, 2014, 50(1): 3-43.

[8] Bennett S. A brief history of automatic control[J]. IEEE Control Systems, 1996, 16(3): 17-25.

[9] Bennett S. The past of PID controllers[J]. FIAC Proceedings Volumes, 2000, 33(4): 1-11.

[10] Van Doren V J. PID: Still the one[J]. Control Engineering, 2003, 50(10): 32, 35, 37.

[11] Åström K J, Hägglund T. Advanced PID control[M]. NC: ISA-Instrumentation, Systems, and Automation Society, 2006.

[12] Dahlin E B. Designing and tuning digital controllers[J]. Instruments and Control Systems, 1968, 41(6): 77-84.

[13] Smuts J F. Process control for practitioners[M]. TX: Opti Controls, 2011.

[14] Marlin T E. Process control: designing processes and control systems for dynamic performance[M]. NewYork: McGraw-Hill, 2015.

后记

要从工艺原理和操作员的操作中提炼出装置的知识，通过控制方案设计实现知识自动化和装置的安全运行，把知识固化到控制系统中。生产过程自动化是智能工厂的重要组成部分和基础。自控好的企业，事故就少，用的员工也少，稳定性、单位能耗、产品质量一致性、任务完成的整体性就会好很多。企业对自控水平的认识要从更全局的角度看，不要狭隘地认为就是为了省几个人工，更重要的是安全、绿色、环保、效益和效率。

流程工业特别是精细化工，第一重要的是通过 PID 参数整定和控制策略改进提高装置的自动化水平。高水平的自动化配合有效的人机界面和报警管理是实现零手动操作和智能工厂的关键。如果工艺经常变更改进，企业又没有能进行先进控制维护的人员，先进控制的运行水平会快速衰减。

高度自动化后工作负荷集中，极大增加了异常状态下的峰值工作负担。而且高度自动化还带来操作经验的流失，非常容易钝化人的应变能力。这提高了对操作人员的技能要求，还要求工程师必要时参与操作。一专多能是对操作员和工艺员的共同要求，跨行业学习的跨界工程师才能跨入智能化时代。

优秀的过程控制工程师有三个基石：态度、知识和技能。

态度：做正确的事。有一颗利他之心，真正从客户的角度出发，必须有同理心、会共情，有饱满的工作热情和吃苦耐劳的工作精神。态度决定一切。

知识：赋能。大家都在做同一件事情，但是因为知识和认知的不同，做的结果就是不一样。要想提升认知、改变思维方式，唯有持续学习知识。要拥有广泛的知识架构，既要提高自己看问题的高度，也要加深解决问题的深度。

技能：以正确的方式做事。工程项目需要协作，单打独斗是做不好的。沟通表达和人际交往、出色卓越的专业技能都是优秀过程控制工程师的关键能力。这是立身之本。

过程控制工程师要从问题出发而不是从方法出发，无论是科学方法还是经验方法，能解决问题的方法都是好方法。既能从科学原理出发，结合观察分析，从深层次解决问题，又要从经验出发，结合实际情况，巧妙地解决当前问题。系统的理论研究和实验观察是学习，在实践中观察和总结也是学习。

在技术日新月异的新工业化时代，过程控制工程师都必须不断学习、勤于思考、善于发现，才能不断进步，紧跟智能化步伐。

很多工厂简单地认为使用先进控制可以解决自己的过程控制问题，这个想法就是不分析问题的根本原因导致的。不深入地做根本原因分析又没有全面掌握过程控制技术，简单迷信先进技术恐怕是很多人的通病。培养自己对基础回路整定、控制方案设计、先进控制实施的理解和认识，能系统化地进行科学决策和实施，游刃有余地解决过程控制问题，是我们都在孜孜以求的过程控制的“道”。从这个角度说，我们都在路上。

一直从事过程控制工作，我做了个成功实施过程控制的经验总结：

① 居安思危。要认识到过程控制工程师和装置安全相关，既要通过自己的工作增加装置的安全性，也要避免工作过程中的安全事故。

② 运筹帷幄。考虑问题要全面，不能只把眼光盯在 PID 参数上，仪表、设备、工艺、上下游、相关回路都需要考虑。

③ 实事求是。要根据实际情况做出决策，制定控制策略，要具体情况具体分析，不能照本宣科。

④ 知行合一。理论和实践并重，知是行之始，行是知之成。与行相分离的知，不是真知，而是妄想；与知相分离的行，不是笃行，而是冥行。要知行合一、学以致用。

⑤ 张弛有度。控制要求要合理，不能脱离实际，也不能得过且过。

⑥ 万流归宗。就整定技术而言，Lambda 整定基本上是最好的。控制方案设计要尽可能标准。借助于基础理论、工具与方法解决特定问题，并能够将特定问题转化成标准控制方案，设计出新的可复用知识，这个过程就是一个不断收敛的创新过程。

⑦ 革故鼎新。要有持续改进的认识，不墨守成规。没有问题是装置的最大问题。

⑧ 游刃有余。随心所欲不逾矩，能够把复杂的工艺要求转化为标准的控制方案，解决过程控制问题。在各种约束条件下寻找最优的实现方法和路径。在可能性、可行性与可期待性的交叉点上工作。

⑨ 博采众长。向其他同事、同行、同业甚至各行各业学习，多引进好的思路和方法。

⑩ 不遗余力。坚持不懈地通过持续改进不断提高装置的自动化水平，减少操作人员干预和过程报警数量。“我们为成功付出的代价是愿意冒失败的风险”。不念过去，不畏将来，不负余生。